建筑工程施工与混凝土应用

别金全　赵民佶　高海燕◎著

吉林科学技术出版社

图书在版编目（CIP）数据

建筑工程施工与混凝土应用 / 别金全，赵民佶，高海燕著. -- 长春 : 吉林科学技术出版社, 2022.8

ISBN 978-7-5578-9445-0

Ⅰ. ①建… Ⅱ. ①别… ②赵… ③高… Ⅲ. ①混凝土结构—建筑施工 Ⅳ. ①TU37

中国版本图书馆CIP数据核字(2022)第115803号

建筑工程施工与混凝土应用

著　　别金全　赵民佶　高海燕
出版人　宛　霞
责任编辑　王丽新
封面设计　周　凡
制　　版　长春美印图文设计有限公司
幅面尺寸　185mm × 260mm　1/16
字　　数　108 千字
页　　数　130
印　　张　8.25
印　　数　1–1500 册
版　　次　2022 年 8 月第 1 版
印　　次　2023 年 3 月第 1 次印刷

出　　版　吉林科学技术出版社
发　　行　吉林科学技术出版社
地　　址　长春市福祉大路 5788 号
邮　　编　130118
发行电话 / 传真　0431–81629529　81629530　81629531
81629532　81629533　81629534
储运部电话　0431–86059116
编辑部电话　0431–81629518
印　　刷　三河市嵩川印刷有限公司

书　　号　ISBN　978–7–5578–9445–0
定　　价　55.00 元

前言

PREFACE

随着科学技术水平的发展和经济水平的提升，我国的基础设施建设进入了新的阶段，建筑施工技术也得到了不断的发展和提高，建筑行业迎来了快速发展的黄金时期，呈现出规模扩大、数量增多的特征。建筑工程施工特征的变化对施工材料与质量控制提出了更高要求，这也使得建设方在作业当中严格落实相关措施，基于项目实际情况优化技术方法的应用。

混凝土属于建筑工程中使用得比较广泛的材料，具有原料多、成本低、制作方便等特点，与钢筋结合时，呈现出的强度比较高，混凝土施工工艺作为建筑施工中最重要的环节，其质量影响着整个建筑工程的质量。为了保证建筑工程的施工质量，对混凝土技术也提出了更为严格的要求。

本书围绕建筑工程施工与混凝土应用展开论述，在内容编排上共设置五章，第一章主要阐释建筑土方工程基础、建筑工程土方施工机械、建筑工程施工组织与准备；第二章是建筑基础工程施工，对建筑地基处理及验收、建筑砌筑工程与安全技术、建筑结构安装工程施工进行论述；第三章研究建筑混凝土施工工艺及安全技术，内容涵盖混凝土的制备搅拌与运输、混凝土的浇筑与养护、混凝土质量控制与施工安全技术；第四章论述新兴材料混凝土性能及应用，主要内容包括泡沫混凝土性能及应用、植生型混凝土性能及应用、自密实轻骨料混凝土特点与性能；第五章是基于BIM的建筑工程质量管理，内容涉及BIM及其应用价值、建筑工程施工过程的质量管理系统、BIM在建筑工程质量管理中的应用。

本书体系完整、视野开阔、层次清晰，力求理论联系实际，突出针对性和实用性，注重培养阅读者综合运用建筑施工技术理论知识分析和优化混凝土应用的能力。

笔者在撰写本书的过程中得到了许多专家学者的帮助和指导，在此表示诚挚的谢意。由于笔者水平有限，加之时间仓促，书中所涉及的内容难免有疏漏之处，希望各位读者多提宝贵意见，以便笔者进一步修改，使之更加完善。

目 录

CONTENTS

第一章 建筑土方工程及施工准备……1

第一节 建筑土方工程基础……1

第二节 建筑工程土方施工机械……4

第三节 建筑工程施工组织与准备……9

第二章 建筑基础工程施工……25

第一节 建筑地基处理及验收……25

第二节 建筑砌筑工程与安全技术……41

第三节 建筑结构安装工程施工……55

第三章 建筑混凝土施工工艺及安全技术……61

第一节 混凝土的制备搅拌与运输……61

第二节 混凝土的浇筑与养护……68

第三节 混凝土的质量控制与施工安全技术……74

第四章 新兴材料混凝土性能及应用……83

第一节 泡沫混凝土性能及应用……83

第二节 植生型混凝土性能及应用……86

第三节 自密实轻骨料混凝土特点与性能……92

第五章 基于BIM的建筑工程质量管理……97

第一节 BIM及其应用价值……97

第二节 建筑工程施工过程的质量管理系统……100

第三节 BIM在建筑工程质量管理中的应用……105

结束语……120

参考文献……121

第一章　建筑土方工程及施工准备

土方工程及施工准备是建筑工程中的重要环节，它不仅是建筑工程的基础，更是建筑工程的重要内容。本章对建筑土方工程基础、建筑工程土方施工机械、建筑工程施工组织与准备进行论述。

第一节　建筑土方工程基础

一、土方工程的类型与特征

（一）土方工程的类型

工业与民用建筑工程中的土方工程，一般可以划分为以下四种，如图1–1所示。

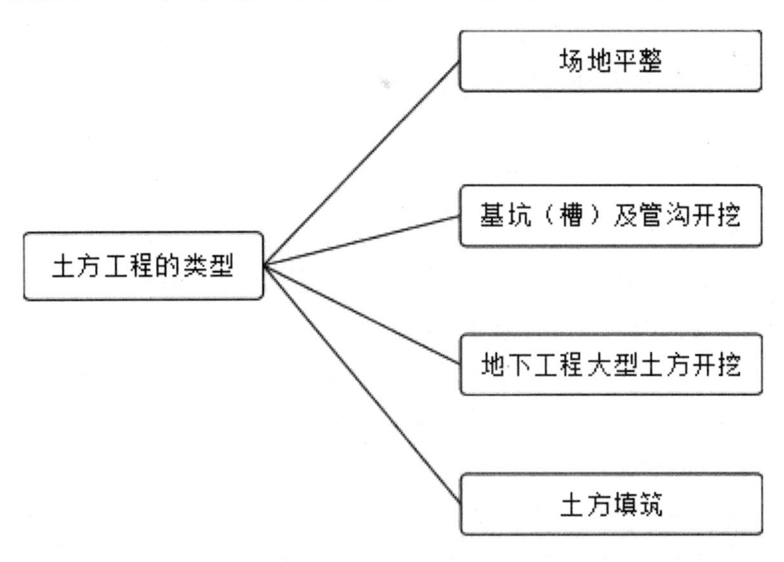

图1–1　土方工程的类型

（1）场地平整。根据建筑设计要求，将拟建的建筑物场地范围内高低不平的地形整为平地，即场地平整。场地平整的基本原则包括：总挖方=总填方。即场地内挖填平衡，场地内挖方工程量等于填方工程量。

（2）基坑（槽）及管沟开挖。场地平整工作完成后便可进行基坑（槽）及管沟开挖。基坑（槽）及管沟开挖的施工准备包括：①学习与审查图纸；②准备好施工机械运行与现场供水、供电、供气以及施工机具和材料进场；③编制施工方案；④场地平整及清理障碍物；⑤测量定位放线；⑥修建临时设施与道路。另外，在开挖基坑（槽）或管沟时，应合理确定开挖顺序和分层开挖深度。基坑（槽）、管河的开挖应连续进行。挖好后应及时进行地下结构和安装工程的施工。

（3）地下工程大型土方开挖。地下工程大型土方开挖的施工准备包括：①场地清理。拆除影响施工的因素。②排除地面积水。③测设地面控制点图。大型场地的平整，利用经纬仪、水准仪将场地设计平面图的方格网在地面上测设固定下来，各角点用木桩定位，并在桩上注明桩号和施工高度数值，便于施工。④修筑临时设施。修筑临时道路、电力、通信及供水设施以及生活和生产用临时房屋。

（4）土方填筑。土方填筑的施工要求，填方前，应根据工程特点、填充剂种类、设计压实系数、施工条件等合理选择压实机具，并确定填充剂含水率控制范围、铺土厚度和压实遍数等参数。

填土的压实方法有碾压、夯实和振动三种。碾压法是由沿着表面滚动的鼓筒或轮子的压力压实土壤。一切拖动和自动的碾压机具，如平碾、羊足碾和气胎碾等的工作都属于同一原理。夯实法是利用夯锤自由下落的冲击力来夯实土壤，主要用于小面积的回填土。夯实法的优点是可以夯实较厚的土层。振动法是将重锤放在土层的表面或内部，借助于振动设备使重锤振动，土壤颗粒即发生相对位移达到紧密状态。

（二）土方工程的施工特征

（1）工程量大，劳动强度高。“土方工程是建筑工程的主要工种之一，其施工特点是工程量大。”[①]在组织施工时，为了减轻繁重的体力劳动、提高生产效率、加快施工进度、降低工程成本，应尽可能采用机械化施工。

（2）施工条件复杂。土方工程施工多为露天作业，受气候、水文、地质等影响很大，施工中不确定因素较多。因此，在施工前必须进行充分的调查研究，做好各项施工准备工作，制订合理的施工方案，确保施工顺利进行，保证工程质量。

（3）受场地影响。任何建筑物基础都有一定的埋置深度，基坑（槽）的开挖、土方的留置和存放都受到施工场地的影响，特别是在城市施工，场地狭窄，往往由于施工方案不妥导致周围建筑设施出现安全问题。因此，施工前必须充分熟悉施工场地情况，了解周

①李国刚. 对建筑土方工程施工管理的思考[J]. 黑龙江科技信息，2011（19）：262.

围建筑结构形式和地质技术资料，科学规划，制订切实可行的施工方案，确保周围建筑物安全。

二、土的工程类型与物理性质

（一）土的工程类型

土的种类繁多，其工程性质直接影响土方工程施工方法的选择、劳动量的消耗和工程费用。

土的分类方法很多，作为建筑工程地基用土，根据土的颗粒大小可分为岩石、碎石土、砂土、粉土、黏性土和人工填土。根据土的开挖难易程度，在现行预算定额中，将土分为松软土、普通土、坚土等八大类。

（二）土的工程物理性质

1.土的密度

天然状态下的土由3个部分组成：土颗粒、土中的水和土中的气。

土的密度是指土在天然状态下单位体积的质量，用ρ表示，即：

$$\rho=\frac{\text{气质量+土质量}+\text{水质量}}{\text{总体积}}=\frac{m}{V} \tag{1-1}$$

式中：m——含水状态下土的质量；

V——土的总体积。

土的干密度用击实实验测定。

干密度的工程意义：在填土压实时，土经过打夯，质量不变，体积变小，干密度增加，通过测定土的干密度ρ_{d}，从而可判断土是否达到了要求的密实度。

2.土的含水率与渗透性

（1）土的含水率。土的含水率是指土中水的质量与土的固体颗粒之间的质量比，以百分数表示。其用公式表示为：

$$w=\frac{W_w}{W}\times100\%=\frac{G_1-G_2}{G_2}\times100\% \tag{1-2}$$

式中：W_w——土中水的质量；

W——土中固体颗粒的质量；

G_1——含水状态下土的质量；

G_2——烘干后土的质量（土经105℃烘干后的质量）。

土的含水率测定方法：把土样称量后放入烘箱内进行烘干（100～105℃），直至重量不再减少为止，称量。第一次称量为含水状态土的质量G_1，第二次称量为烘干后土的质量G_2，利用公式可计算出土的含水率。

土的含水率表示土的干湿程度，土的含水率在5%以内，称为干土；土的含水率在5%～30%，称为潮湿土；土的含水率大于30%，称为湿土。

土的含水率的工程意义：含水率对于挖土的难易、施工时边坡稳定及回填土的夯实质量都有影响。

（2）土的渗透性。土的渗透性是指土体被水透过的性质，即水流通过土中孔隙的难易程度。土的渗透性系数用实验室测定方法测定。

3.土的可松性

土的可松性是指自然状态下的土经开挖后，其体积因松散而增加，以后虽经回填压实，仍不能恢复成原来的体积，这种性质称为土的可松性。

土的可松性的工程意义：对土方平衡调配，基坑开挖时，土的可松性对留弃土方量及运输工具的选择有直接影响。

土的可松性的大小用可松性系数表示，分为最初可松性系数和最终可松性系数。

第二节　建筑工程土方施工机械

土方工程施工机械的种类繁多，常用的有推土机、铲运机、单斗挖土机、装载机、压实机械等，施工时应正确选用施工机械，以加快施工进度。

一、建筑工程的常用土方施工机械

（一）单斗挖土机

单斗挖土机是基坑开挖中最常用的一种机械，按照行走方式不同，其可分为履带式和轮胎式；按照传动方式不同，其可分为机械传动和液压传动；按照作业方式不同，其可分为正铲、反铲、抓铲及拉铲。

（1）正铲挖土机。正铲挖土机的工作特点是：前进向上，强制切土。该挖土机挖掘力大，生产效率高，可开挖停机面以上的一类至三类土，与自卸汽车配合完成整个挖掘运输作业，适用于挖掘大型干燥基坑和土丘等。

正铲挖土机有两种工作方式，分别是正向挖土、后方装车和正向挖土、侧向装车。

（2）反铲挖土机。反铲挖土机的工作特点是：后退向下，强制切土。该挖土机的挖掘力比正铲小，可开挖停机面以下的一类至三类土，适用于挖掘深度不大的基坑、基槽、管沟及含水量大或地下水位高的土坑等。

反铲挖土机的开挖方式包括两种：①沟端开挖。沟端开挖是反铲挖土机停在沟端，向后退着挖土，汽车停在沟槽的两侧装土。②沟侧开挖。在沟槽一侧移动挖土，可把土弃于距沟槽边较远处，挖土机移动方向与挖土方向垂直。

（3）拉铲挖土机。拉铲挖土机的工作特点是：后退向下，自重切土，即利用惯性，把铲斗甩出靠收紧和放松钢丝绳进行挖土或卸土，铲斗由上而下，靠自重切土。拉铲挖土机的挖土半径和挖土深度较大，但不如反铲挖土机灵活，开挖精确性差，可以开挖停机面以下的一、二类土，适用于开挖较深、较大的基坑（槽）、沟渠，挖取水中泥土等。拉铲开挖方式与反铲相似，既可沟侧开挖，也可沟端开挖。

（4）抓铲挖土机。抓铲挖土机的工作特点是：直上直下，自重切土。抓铲挖土机挖掘力小，可开挖停机面以下的一、二类土，适用于开挖土质比较松软、施工面比较狭窄的基坑、沟槽、沉井等，特别适于水下挖土。当土质坚硬时，不能用抓铲施工。

（二）推土机

推土机是土方工程施工的主要机械之一，它由拖拉机和推土铲刀组成。按照行走方式不同，推土机可分为履带式和轮胎式两种。推土机的效率与其作业方法有关，可以提高效率的作业方法，如图1–2所示。

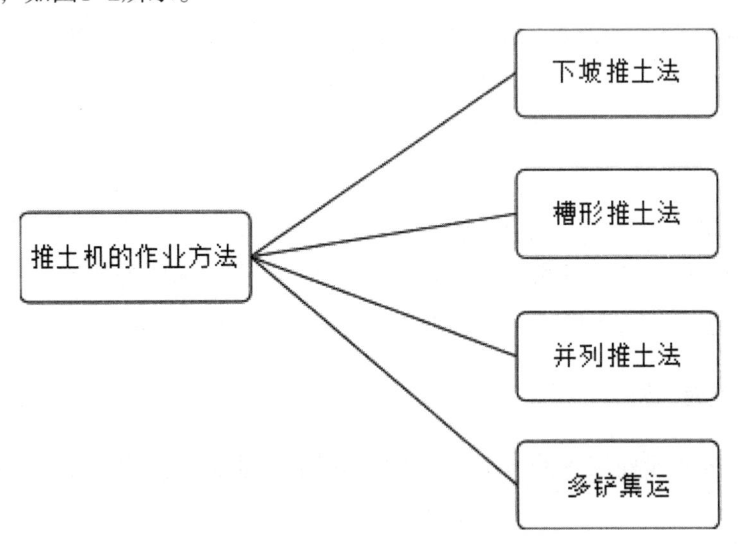

图1–2　推土机的作业方法

（1）下坡推土法。下坡推土法是指推土机顺坡向下切土与推运，借助机械本身的重力作用，增大切土深度和运土数量，从而使推土机提高推土能力和缩短推土时间。下坡推土坡度不宜超过15° ，以免后退时爬坡困难。

（2）槽形推土法。槽形推土法是指推土机重复在一条作业线上切土和推土，使地面逐渐形成一条浅槽，在槽中推运土可减少土的散失，增加10%～30%的推土量。

（3）并列推土法。并列推土法是指用两台或三台推土机并列作业，铲刀相距15～30cm，可减少土的散失，提高生产效率。

（4）多铲集运。在硬质土中，切土深度不大时，可以采用多次铲土、分批集中、一次推送的方法，以便有效地提高推土机的效率，缩短运土时间。

（三）铲运机

铲运机由牵引机械和土斗组成，它是一种能够单独完成铲土、装土、运土、卸土、压实的土方机械。铲运机操作简便灵活、行驶快，对行驶道路要求较低，可直接对一类至三类土进行铲运。铲运机在开挖坚硬土时需推土机助铲。按照行走方式的不同，铲运机可分为两种：拖式铲运机由拖拉机牵引；自行式铲运机的行驶和工作都靠自身的动力设备，不需要其他机械的牵引和操纵。

铲运机效率的高低取决于开行路线。为提高铲运机效率，可根据现场情况合理选择开行路线，一般有环形路线、“8”字形路线两种形式。

（1）环形路线。环形路线是比较简单、常用的开行路线，有小环形路线和大环形路线两种。

（2）“8”字形路线。“8”字形路线由两个环形连接而成，每一次循环完成两次铲土和卸土，减少了转弯次数和运距，从而节约了运行时间，提高了效率。当地势起伏较大、施工地段又较长时，可采用“8”字形开行路线。

（四）装载机

常见的装载机是单斗式装载机，其按照行走方式不同，可分为轮胎式和履带式。土方工程主要使用单斗轮胎式装载机，它具有操作轻便灵活、转运方便快速等特点，适用于装卸土方和散料，也可进行松软土的表层剥离、地面平整和场地清理等工作。

（五）压实机械

压实机械主要用于回填土的压实，其主要包括碾压机械、夯实机械和振动压实机械。

1.碾压机械

碾压机械主要有平（光面）碾压路机、羊足碾压路机和气胎碾压路机。

（1）平碾压路机是一种以内燃机为动力的自行式压路机，按照装置形式不同，可分为单轮、双轮和三轮等，其操作灵活、碾压速度较快，可压实砂土、黏性土等，应用最为广泛。

（2）羊足碾压路机靠拖拉机牵引，主要用于压实黏性土。

（3）气胎碾压路机在工作时是弹性体，其压力均匀，压实质量较好。

2.夯实机械

夯实机械主要有夯锤和小型打夯机，夯锤是借助起重机悬挂一重锤进行夯土的夯实机械，适用于夯实砂性土、湿陷性黄土、杂填土及含有石块的填土；常用的小型打夯机有蛙式打夯机和内燃打夯机，小型打夯机适用于夯实黏性较低的土（砂土、粉土、粉质粉土），其体积小、重量轻、构造简单、操纵方便灵活，主要用于狭小的场地作业及大型机械无法到达的边角夯实。

3.振动压实机械

振动压实机械主要有手扶平板式振动压实机和振动压路机。

（1）手扶平板式振动压实机（图1–3）。手扶平板式振动压实机主要用于小面积的地基夯实。

图1–3　手扶平板式振动压实机

（2）振动压路机（图1–4）。振动压路机效率高、压实效果好，能压实多种性质的土，主要用在工程量大的大型土方工程中。

图1-4　振动压路机

二、建筑工程的土方施工机械选择

土方施工机械的选择应考虑基础形式、工程规模、开挖深度、地质、地下水情况、土方量、运距、现场和机具设备条件、工期要求及土方机械的特点等因素，在此基础上提出多个可行方案，然后进行比较，选择出效率高、费用低的机械进行施工。

在进行土方工程施工时，可根据以下三个要点来选择施工机械：

（1）当地形起伏不大、坡度在20°以内、挖填平整土方的面积较大、土的含水量适当、平均运距短（一般在1km以内）时，采用铲运机比较合适。

（2）对于地形起伏较大的丘陵地带，其挖土高度一般在3m以上、运输距离超过1km、工程量较大且集中，可采用下述三种方式进行挖土和运土：①正铲挖土机配合自卸汽车进行施工；②推土机将土推入漏斗，卸土汽车在漏斗下承土并运走；③推土机预先把土推成一堆，装载机把土装到汽车上运走。

（3）在开挖基坑时，可根据以下要点选择施工机械

1）土的含水量较小，可结合运距长短、挖掘深浅，分别采用推土机、铲运机或正铲挖土机配合自卸汽车进行施工。当基坑深度为1～2m、长度不长时，可采用推土机；当基坑深度在2m以内、呈较长的线状时，应采用铲运机；当基坑较大、工程量集中时，可选用正铲挖土机挖土。

2）当地下水位较高，又不采用降水措施，或者土质松软，可能会造成正铲挖土机和铲运机陷车时，应采用反铲挖土机、拉铲或抓铲挖土机配合自卸汽车。

第三节　建筑工程施工组织与准备

一、建筑工程施工组织

（一）建筑施工组织的任务与程序

1.建筑施工组织的任务

建筑施工组织是指针对建筑工程施工的复杂性，研究工程建设的统筹安排，进而制定建筑工程施工最合理的施工组织方法的一门科学。建筑施工组织的任务是在建筑施工方针政策的指导下，从施工的全局出发，根据工程的具体条件，以最优的方式解决施工组织的问题，对施工的各项活动做出全面的、科学的规划和部署，使人力、物力、财力、技术资源等得到充分和合理的利用，达到安全、优质、低耗、高速地完成施工任务的目的。

随着社会的不断发展，科技的进步，以及土地资源等因素的制约，现代建筑产品的体型庞大，结构日趋复杂。因此，施工前必须精心规划、合理安排，在施工过程中应严格按要求精心组织施工，才能保证安全、高质量地完成施工任务。

2.建筑施工组织的程序

（1）建设项目程序。建设项目的建设程序是工程建设过程客观规律的反映，是建设工程项目科学决策和顺利进行的重要保证。建设项目是指需要一定量的投资，按照一定程序，在一定时间内完成，符合质量要求，以形成固定资产为明确目标的特定性任务。建设项目的管理主体是建设单位。建设项目的建设程序是指项目从决策、设计、施工到竣工验收、投入生产或交付使用的整个建设过程中，各项工作必须遵循的先后工作次序。

建设项目的建设程序主要分为：项目决策阶段（项目建议书和可行性研究）、勘察设计阶段、建设准备阶段、施工阶段、生产准备阶段、竣工验收阶段和后评价阶段等。

（2）施工项目程序。施工项目是指施工企业自施工投标开始到保修期满为止全过程中完成的项目，它是一个建设项目或其中的单项工程或单位工程的施工任务。施工项目是以施工承包企业为管理主体的一个项目。施工项目的程序是指施工项目的各个阶段和各项工作的先后顺序。施工项目的具体程序包括：①投标、中标、签约阶段；②施工准备阶段；③施工阶段；④竣工验收、交付使用、工程结算阶段；⑤用后服务阶段。

（二）建筑施工组织的设计

施工组织设计是针对拟建的工程项目，结合工程本身特点，从工程投标、签订承包合同、施工准备到竣工验收整个施工全过程，按照工程的要求，对所需的施工劳动力、施工材料、施工机具和施工临时设施，经过科学计算、精心对比及合理的安排后编制出的一套在人力和物力、时间和空间、技术和组织等方面进行合理施工的战略部署文件。

建筑施工组织设计在我国已有多年的历史，虽然产生于计划经济管理体制下，但在实际的运行当中，对规范建筑工程施工管理确实起到了相当重要的作用，在目前的市场经济条件下，它已成为建筑工程施工招投标和组织施工必不可少的重要文件。

1.建筑施工组织的设计作用

建筑施工组织设计在施工的过程当中起到了举足轻重的作用，所有施工的工作必须在施工组织设计的指导下展开。建筑施工组织设计是指导施工的纲领性文件，具体作用表现在以下四个方面：

（1）建筑施工组织设计是施工准备工作的重要组成部分，是做好施工准备工作的主要依据和重要保证。

（2）建筑施工组织设计是编制施工预算和施工计划的主要依据。

（3）建筑施工组织设计是建筑施工企业合理组织施工和加强项目管理的重要依据。

（4）建筑施工组织设计是检查工程施工进度、质量和成本三大目标的依据。

2.建筑施工组织的设计内容

（1）编制依据。主要包括：①与工程建设有关的法律、法规和文件；②国家现行有关标准和技术经济指标；③工程所在地区行政主管部门批准的文件，建设单位对施工的要求；④工程施工合同或招标、投标文件；⑤工程设计文件；⑥工程施工范围内的现场条件，工程地质及水文地质、气象等自然条件；⑦施工企业的生产能力、机具设备状况、技术水平等。

（2）建筑工程概况。建筑工程概况应包括本项目的性质、规模、建设地点、结构特点、建设期限、分批交付使用的条件、合同条件；本地区地形、地质、水文和气象情况；施工环境及施工条件等。

（3）建筑施工部署。建筑施工部署是指对项目实施过程做出的统筹规划和全面安排，包括项目施工的主要目标、施工顺序及空间组织、施工组织安排等。建筑施工部署是施工组织设计的纲领性内容，施工进度计划、施工准备与资源配置计划、施工方法、施工现场平面布置和主要施工管理计划等施工组织设计的组成内容都应该围绕施工部署的原则进行编制。

（4）建筑施工进度计划。建筑施工进度计划应按照施工部署的安排进行编制，施工进度计划反映了最佳施工方案在时间上的安排，施工进度计划可采用网络图或横道图表示，并附必要说明；对于工程规模较大或较复杂的工程，宜采用网络图表示。施工进度计划要保证拟建工程在规定的期限内完成，保证施工的连续性和均衡性，以节约施工费用。

在工程施工进度计划执行过程中，由于各方面条件的变化经常使实际进度脱离原计划，这就需要施工管理者随时掌握工程施工进度，检查和分析进度计划的实施情况，及时进行必要的调整，保证施工进度总目标的完成。

（5）施工准备与资源配置计划。施工准备主要包括技术准备、现场准备和资金准备等，各项资源（人力、材料、施工机具等）配置计划应按照施工部署的总安排并结合施工进度计划编制。

（6）主要施工方法。按照不同类施工组织设计的编制要求对工程所采用的施工方法进行说明。

（7）施工现场平面布置。在施工用地范围内，对各项生产、生活设施及其他辅助设施等进行合理的规划和布置。施工现场就是建筑产品的组装厂，建筑工程和施工场地的千差万别使得施工现场平面布置因人、因地而异。合理布置施工现场对于保证工程施工顺利进行具有重要意义，施工现场平面布置应遵循方便、经济、高效、安全、环保、节能的原则。

（8）主要施工管理计划。主要施工管理计划包括工程质量保证措施、工期保证措施、降低工程成本措施、安全技术措施、环境保护措施、文明施工措施、冬雨季施工计划及措施，以及新技术、新材料、新工艺的应用等。虽然一开始对施工组织设计的内容做了基本的规定，但其并不是一成不变的。在编制施工组织设计时，根据工程的具体情况，结合施工组织设计编制的广度和深度等，施工组织设计的内容可以添加或删减。

3.建筑施工组织的设计类别

（1）根据编制对象进行划分。根据编制对象，把建筑施工组织设计划分为：施工组织总设计、单位工程施工组织设计、施工方案。

（2）根据编制阶段的不同进行划分。施工组织设计根据其编制时间的不同，可分为投标阶段施工组织设计（简称标前施工组织设计）和实施阶段施工组织设计（简称标后施工组织设计）两类。投标阶段施工组织设计是为了满足编制投标书和签订工程承包合同的需要而编制的规划性文件；实施阶段施工组织设计是以整个建设项目或群体工程为对象编制的，是整个建设项目或群体工程施工的全局性、指导性文件。

4.建筑施工组织的设计编制与审批

（1）建筑施工组织的设计编制

1）认真贯彻和执行工程建设的程序，遵守现行有关法律、法规。

2）符合施工合同或招标文件中有关工程进度、质量、安全、环境保护、造价等方面的要求，达到合理的经济技术指标。

3）积极开发、使用新技术和新工艺，推广应用新材料和新设备。注意结合工程特点和现场条件，使技术的先进适用性和经济合理性相结合，防止单纯追求先进而忽视经济效益的做法。施工方案的选择必须进行多种方案的比较，比较时应做到实事求是，在多个方案中选择最经济、最合理的方案。

4）坚持科学的施工程序和合理的施工顺序，采用流水施工和网络计划等方法，实现均衡施工。

5）科学配置资源，合理布置施工现场。通过技术经济比较，尽量利用当地资源，合理安排建筑施工组织知识准备运输、装卸与存储作业，减少物资运输量，避免二次搬运。在进行施工现场布置时，应尽量利用已有设施，以减少各种临时设施的搭建，尽可能地节约施工用地，不占或少占农田。

6）采取季节性施工措施。建筑施工周期长的工程项目，多属于露天作业，不可避免地会受到天气和季节的影响，主要是冬、雨季及夏季的影响，因此，在安排进度时，应将受季节影响较大的施工项目安排在有利的天气进行；将受天气影响较小的项目安排在冬、雨季及夏季进行，同时要采取一定的措施，以保证季节性施工的连续性以及施工质量、人身及财产等的安全。

7）与质量、环境和职业健康安全三个管理体系有效结合。采取技术和管理措施，推广建筑节能和绿色施工。

（2）建筑施工组织的设计审批

在拟建工程中标后，施工单位必须结合工程特点等因素编制工程实施阶段的施工组织设计，施工组织设计应由项目负责人主持编制。

5.建筑施工组织的设计执行、检查与调整

（1）建筑施工组织设计的执行。建筑施工组织设计是针对具体工程在人力和物力、时间和空间、技术和组织等方面进行合理安排施工的指导性文件。为了充分发挥施工组织设计的指导性作用，保证施工活动的顺利进行，在施工组织设计执行前必须做好以下工作：

1）做好施工组织设计的交底工作。经过审核并批准的施工组织设计，在项目开工前应组织参与施工的各类人员召开施工组织设计的交底工作会议，详细地讲解其内容、要求和施工的关键与保证措施，以确保施工组织设计的顺利执行。

2）制定有关贯彻施工组织设计的规章制度。施工组织设计贯彻的顺利与否，主要取决于施工企业的管理素质、技术素质及经营管理水平。而体现企业素质和水平的标志，在

于企业各项管理制度的健全与否。为此必须建立、健全各项管理制度，以保证施工组织设计的顺利实施。

3）推行项目经理责任制和技术经济承包责任制。为了更好地贯彻施工组织设计，应该推行技术经济承包制度，把施工过程中的技术经济责任同职工的物质利益结合起来。

4）切实做好施工准备工作，为施工组织设计的执行提供有利条件。做好施工准备工作是保证工程顺利开工以及开工后均衡和连续施工的重要前提，同时也是顺利地贯彻施工组织设计的重要保证。拟建工程项目不仅在开工之前要做好一切准备工作，而且在施工过程中的不同阶段也要做好相应的施工准备工作，这对于施工组织设计的贯彻执行是非常重要的。

（2）建筑施工组织设计的检查与调整。在建筑施工组织设计执行的过程中，应按要求收集各种技术经济指标（如工程进度、工程质量、材料消耗、机械使用和成本费用等）的完成情况，并将其与计划规定的指标相对比。

（三）建筑安全施工组织设计

安全施工组织设计是以施工项目为对象，用以指导工程项目管理过程中各项安全施工活动的组织、协调、技术、经济和控制的综合性文件；统筹计划安全生产，科学组织安全管理，采用有效的安全措施，在配合技术部门实现设计意图的前提下，保证现场人员的人身安全及建筑产品自身安全，环保、节能、降耗。

安全施工组织设计要根据国家的安全方针和有关政策、规定，从拟建工程全局出发，结合工程的具体条件，合理组织施工，采用科学的管理办法不断地革新管理技术，有效地组织劳动力、材料、工具等要素，安排好时间和空间，以期达到“零”事故、健康安全、文明施工的最优效果：安全施工组织设计应在施工前进行编制并经过批准后实施。

建筑施工组织设计和安全施工组织设计，从表面上看，无论从施工还是从内容上有很多关联之处，可它又是包括不同内涵的两个文件，在实际施工过程中还是分为两个文件较为可行，因此，所有建设工程除了编制施工组织设计外，还必须编写安全施工组织设计；而对工程较大、施工工艺复杂、专业性很强的施工项目，还必须进一步编写专项安全施工方案。

建筑工程施工前必须要有针对本工程项目的安全管理目标策划，有相应的安全管理部署和相应的实施计划，有相应的管理预控措施。而且安全施工组织设计编制应根据工程情况及特点、施工条件、施工工艺、机具、设备的情况等综合因素进行全面考虑，编制出施工全过程的、全面的、具体的、具有可操作性的安全施工组织设计，在安全施工组织设计中，还应包括安全生产管理、文明施工及环保、卫生等方面的要求。

安全施工组织设计或安全技术措施的编制一般要注意以下四个方面：

（1）项目安全施工组织设计是项目施工组织总设计的组成部分，应在施工图设计交底、图纸会审后，开工前编制、审核、批准；专项施工方案的安全技术措施是专项施工方案的内容之一，必须在施工作业前编制、审核、批准。

（2）安全施工组织设计应当根据现行技术标准、规范、施工图设计文件，结合工程特点与企业实际技术水平编制。

（3）安全施工组织设计要突出主要施工工序的施工方法和确保工程安全、质量的技术措施。措施要明确，要有针对性和可操作性，同时还要明确规定落实安全技术措施的各级责任人。

（4）在编制安全施工组织设计的基础上，对技术要求高、施工难度大的分部分项工程需编制专项安全施工方案。

二、建筑工程施工准备

施工准备工作是项目基本建设工作的主要内容，是建设工程项目全寿命周期中非常重要的阶段。施工准备工作是为保证工程顺利开工和各项施工活动正常进行而必须事先做好的各项工作。因此，施工准备工作不仅存在于工程开工前，而且贯穿于整个工程建设的全过程。

（一）建筑施工准备工作的必要性

所有的建筑工程施工都是一项繁杂的组织和实施过程，特别是在建筑工程施工前，需要做的准备工作很多，并且困难重重。因此，各施工单位应认真做好施工前的准备工作，提高建筑工程施工的计划性、预见性和科学性，这是保证建筑质量、加快工程进度、降低施工成本、确保顺利竣工的极为重要的环节。

施工准备工作是施工程序中的重要一环。为了保证施工活动能够安全、有序地进行，做好施工准备工作就显得尤为重要，其重要性可大致概括如下：

（1）做好施工准备工作是全面完成施工任务的必要条件。

（2）做好施工准备工作是遵循建设项目建设程序的重要体现。

（3）做好施工准备工作是降低工程成本、提高企业经济效益的有力保证。

（4）做好施工准备工作是取得施工主动权、降低施工风险的有力保障。

凡是重视施工准备工作，认真细致地做好施工准备工作，积极为拟建工程项目创造一切良好的施工条件者，其工程的施工就会顺利地进行。

（二）建筑施工准备工作的要求

（1）施工准备工作应有组织、有计划、分阶段、有步骤地进行，具体包括：①建立施工准备工作的组织机构，明确相应管理人员；②编制好施工准备工作计划表，保证施工准备工作按计划落实；③施工准备工作应视工程的具体情况分阶段、有步骤地进行。例如，室外排水管道工程施工，一般可分为开挖沟槽、做基础、管道安装、质量检查以及土方回填等施工阶段，在进行施工准备时按不同的施工阶段分步进行。

（2）建立严格的施工准备工作责任制及相应的检查制度。施工准备工作必须有严格的责任制，从而使各项施工准备工作得以真正落实。在编制了施工准备工作计划以后，就要按计划将责任明确到有关部门或具体负责人，以便按计划要求的内容及完成时间进行工作。项目经理全权负责某个项目的施工准备工作，对施工准备工作进行统一部署，协调各方关系，以使其按施工准备工作计划按时完成施工准备工作的各项内容。

在施工准备工作实施的过程中，应定期检查，目的在于督促将检查中发现的问题及时解决，在施工准备工作实施的过程中，应定期进行检查，可按周、半月、月度进行检查。检查的目的是观察施工准备工作计划的执行情况，如果没有完成计划要求，应进行分析，找出原因，排除障碍，加快施工准备工作进度或调整施工准备工作计划，把工作落到实处。

（3）严格按照项目的基本建设程序办事，执行开工报告制度。当施工准备工作的各项内容完成后，满足开工条件时，项目经理部应向监理工程师报送开工报审表及开工报告等有关的资料，由总监理工程师签发，并报建设单位后，在规定的时间内开工。

（4）施工准备工作必须贯穿于施工过程的始终。工程开工后，应随时做好作业条件的施工准备工作。施工能否顺利进行，与施工准备工作的及时性和完善性有着密不可分的关系。因此，企业各职能部门要面向施工现场，像重视施工活动一样重视施工准备工作，及时解决施工准备工作中的技术、供应、资金、管理等各种问题，以提供工程施工的保证条件。施工经理应抓好施工准备工作，加强施工准备工作的计划性，及时做好协调、平衡工作。

（5）施工准备工作必须取得各协作相关单位的支持与配合。施工准备工作涉及的面很广，除了施工单位的自身努力外，还必须取得建设单位、设计单位、监理单位、交通运输单位、资源供应部门、各行政主管部门及服务部门等的大力支持与配合，才能使各项施工准备工作深入有效地实施，从而保证整个施工过程的顺利进行。

（三）建筑施工准备工作的类别

1.根据范围划分

根据建筑施工准备工作的范围不同，施工准备工作一般可分为以下三种：

（1）施工总准备。施工总准备（全场性施工准备）是以整个建设项目为对象而进行的各项施工准备工作。其特点是它的施工准备工作的目的、内容都是为全场性施工服务的，它不仅要为全场性的施工活动创造有利条件，而且要兼顾单位工程施工条件的准备。

（2）单项（单位）工程施工条件准备。单项（单位）工程施工条件准备是以单项（单位）工程为对象而进行的施工条件准备工作。其特点是它的准备工作的目的、内容都是为单项（单位）工程的顺利施工创造有利条件，它不仅要为该单项（单位）工程在开工前做好一切准备，而且要为分部分项工程做好施工准备工作。

（3）分部（项）工程作业条件准备。分部分项工程作业条件的准备是以一个分部分项工程为对象而进行的作业条件准备工作。

2.根据施工阶段划分

（1）开工前的施工准备。开工前的施工准备是指在拟建工程正式开工之前所进行的一切施工准备工作。其目的是为拟建工程正式开工创造必要的施工条件。它既可能是全场性的施工准备，又可能是单项（单位）工程施工条件的准备。

（2）各施工阶段前的施工准备。各施工阶段前的施工准备是指在拟建工程开工之后，每个施工阶段正式开工之前所进行的一切施工准备工作。其目的是为各施工阶段正式开工创造必要的施工条件。

（四）建筑施工准备工作的程序

1.原始资料收集

原始资料的调查与收集是施工准备工作的重要内容之一，尤其是当施工企业进入一个新的地区，由于对地区的技术经济条件、施工所处区域的特征以及当地的社会情况等往往不太熟悉，此项工作就显得尤为重要。

为了编制符合实际、切实可行、高质量的施工组织设计，必须做好调查研究，了解当地的实际情况。原始资料的调查与收集主要包括建设地区自然条件的调查、建设地区技术经济条件的调查以及参考资料的收集。

（1）技术经济的调查

1）地区交通运输条件调查。在建筑施工中，常用的交通运输方式有公路、铁路和航运三种，三种不同运输方式对应调查的主要内容的相关资料主要由当地的公路、铁路及航运管理部门提供，主要用于确定施工所需材料和设备运输方式，进而制订施工运输计划，具体包括公路、铁路、航运。三种不同运输方式的调查目的均是选择施工运输方式、拟订施工运输计划。

2）地区给排水、供电与通信、供气等的调查。水、电与气是建筑施工中不可缺少的资源，相应的调查内容与调查目的如下：

第一，给水、排水。通过经济比较确定施工及生活给水方案；确定工地排水方案和防洪设施；拟订供排水设施的施工进度计划。

工地用水与当地现有水源连接的可能性、可供水量，接管地点、管径、材料、埋深，水压、水质及水费，与工地的距离，沿途地形、地物状况；自选临时江河水源的水质、水量，取水方式，与工地的距离，沿途地形、地物状况，自选临时水井的位置、深度、管径、出水量和水质；利用永久性排水设施的可能性，施工排水的去向、距离和坡度，有无洪水影响，现有防洪设施状况。

第二，供电通信。供电通信的调查目的是：①确定施工供电方案；②确定施工通信方案；③拟订供电、通信等设备的施工进度计划。

调查内容包括：①当地电源位置，引入的可能性，可供电的容量、电源、导线截面和电费，引入方向，接线地点及其与工地的距离，沿途地形、地物的状况；②建设单位和施工单位自有的发、变电设备的型号、台数和容量；③利用临近电信设施的可能性，增设电话设备和计算机等自动化办公设备和线路的可能性。

第三，供气。供气的调查目的是确定施工及生活用气的方案；确定压缩空气、氧气的供应计划。

调查内容包括：①蒸汽来源，可供蒸汽量，接管地点，管径、埋深，与工地的距离，沿途地形、地物状况，蒸汽价格；②建设、施工单位自有锅炉的型号、台数和能力，所需燃料、水质标准以及投资费用；③当地或建设单位可能提供的压缩空气、氧气的能力，与工地的距离。

3）地区社会劳动力和生活条件调查。建筑施工活动是劳动密集型的生产活动，作为建筑施工企业，为了取得更大的经济效益，当地的社会劳动力往往是其召集施工劳动力的主要来源。摸清相关信息可为施工企业安排劳动力计划、布置施工现场临时设施提供依据。

（2）参考资料的收集。在编制施工组织设计时，借助一些相关的参考资料作为编制的依据，弥补原始资料的不足。所以，在原始资料的调查与收集中，除了做好建设地区自然条件与技术经济条件资料的调查与收集外，还应切实做好与施工有关参考资料的收集工作，以保证在施工组织设计的编制过程中各项内容更加完善、可行。常用的施工参考资料主要包括：可利用的现有施工定额、施工手册；建筑施工常用数据手册、施工规范；相类似工程的施工组织设计实例以及平时施工所获得的实践经验等。

2.施工技术资料的准备

技术资料准备也就是通常所说的室内准备，即内业准备，该项工作既是施工准备的核心，也是保证施工正常进行及建筑产品形成的基础，由于任何技术上的差错或隐患都可能导致人身安全问题和质量事故，造成生命、财产和经济的巨大损失，因此，必须认真地做好技术资料准备工作。技术资料准备的主要内容包括：熟悉和审查设计图纸、编制中标后的施工组织设计及编制施工图预算和施工预算。

（1）熟悉、审查设计图纸。施工单位收到拟建工程的设计图纸和有关技术文件后，负责该工程的项目经理部组织有关工程技术人员会对图纸进行全面细致的熟悉与审查，审查施工图中是否存在问题及不合理情况，若有则提交设计单位进行处理的一项重要活动。图纸会审由建设单位组织和主持会议，并做好会议记录，设计单位、施工单位、监理单位参加会议。对于重点工程，如有必要可邀请各主管部门参加，共同商讨。

（2）编制施工组织设计。编制施工组织设计是施工准备工作的重要组成部分，施工组织设计是指导施工现场全部生产活动的技术经济文件。建筑施工生产活动的全过程是非常复杂的，为了正确处理人与物、主体与辅助、工艺与设备、专业与协作、供应与消耗、生产与储存、使用与维修以及它们在空间布置、时间排列之间的关系，中标后施工单位在投标时已编制好的施工组织设计的基础上，根据拟建工程的规模、结构特点和建设单位的要求，在原始资料调查分析的基础上，根据图纸会审纪要的具体内容，按照编制施工组织设计的基本原则，为保证整个施工活动的顺利完成而要对原施工组织设计再进行编制。

由于建筑产品的多样性、建筑产品生产的地区性等特点，建筑工程没有一个通用定型的、一成不变的施工组织方法，所以每个建筑工程项目都需要分别确定施工组织方法，也就是分别编制施工组织设计作为组织和指导施工的重要依据。

施工单位必须在规定的时间内完成施工组织设计的编制工作，编制完成后报送项目监理机构。总监理工程师在约定的时间内，组织各专业监理工程师对施工组织设计进行审查。施工单位应按照审定批准的施工组织设计组织施工，在施工过程中如需对内容进行变更，应在施工前将变更内容以书面形式报送项目监理机构并重新审定。

（3）编制施工图与施工预算。施工图预算是按照施工图确定的工程量、施工组织设计所拟定的施工方法、建筑工程预算定额及其取费标准，由施工单位编制的确定建筑安装工程造价的经济文件，它是施工企业签订工程承包合同、工程结算、银行拨付工程价款、进行成本核算、加强经营管理等方面工作的重要依据。

施工预算是根据施工图预算、施工图纸、施工组织设计或施工方案、施工定额等文件进行编制的企业内部经济文件。施工预算直接受施工图预算的控制。它是施工企业内部控制各项成本支出、考核用工、进行经济核算的依据。

3.施工资源的准备

（1）物资资源准备。物资资源是施工的物质基础，是建筑产品形成的最基本资源，也是工程能够得以连续施工的基本保证，施工所需要的物资主要包括建筑材料、构配件以及施工所需机具等，其种类繁多、规格型号复杂。因此，做好物资准备是一项较为复杂而又细致的工作，主要有如下工作：

1）建筑材料的准备。建筑工程需要消耗大量的建筑材料，建筑材料的准备工作主要如下：编制材料需用量计划、根据材料需用量计划做好材料的订货和采购工作、做好材料的运输和储备、做好材料的堆放和保管。

2）施工机具的准备。根据施工方案，确定施工所用机具的类型、编制施工机具的需用量计划，根据施工现场平面布置图的要求将进场后的施工机具在规定的地点安置或存放。对于固定的施工机具应进行就位、搭防护棚、接电源、保养和调试等工作。为保证各类施工机具的正常安全使用，在开工之前必须对进场后的施工机具进行检查和试运转。

3）预制构件及配件的加工与订货准备。施工所需的各种构、配件，应按施工组织设计所编制的用量计划提前做好预制加工或订货准备，在施工现场按照施工平面图的布置要求做好各种构、配件的堆放与保管工作。

4）运输条件准备。建筑工程需要消耗大量的建筑材料，各种材料运输量大，应按计划做好相应的运输条件准备，确保施工所需各种材料能够按时进场，以保证施工的连续性。

5）强化施工物资的价格管理。在施工过程中，应注意收集各种材料的市场价格信息，在保证各种物资质量并确保工程质量的前提下进行材料的价格对比，按照物资采购原则，择优进货，以降低成本、提高经济效益。

（2）人力资源准备。人力资源是工程施工得以正常进行的首要资源，是施工资源准备的首要内容。一项工程的施工能否顺利进行，以及任务完成得好坏，在很大程度上取决于承担该项目的人员的素质。因此，人力资源准备是开工前施工准备的一项重要内容。

1）施工管理人员的准备。

第一，施工项目经理的确定。施工项目经理是建筑企业法定代表人在建设工程项目上的授权委托代理人，对项目实施全过程、全面管理。大中型项目的项目经理必须取得工程建设类相应专业注册执业资格证书。

第二，施工项目经理部（施工项目部）的建立。施工项目经理部是在企业法定代表人授权和职能部门的支持下，按照企业的相关规定组建的、进行项目管理的一次性组织机构。施工项目经理部由项目经理领导，接受组织职能部门的指导、监督、检查和考核，并负责对项目资源进行合理使用和动态管理。施工项目经理部随着合同的签订而成立、随着项目的结束而解体。

施工项目经理部设置的原则包括：功能齐全的原则、精干高效的原则、管理跨度合理的原则、弹性建制的原则。

2）施工队伍的准备。施工队伍是进行工程施工的具体操作者，工程开工前，按照施工组织设计中已编制好的劳动资源需求计划，对各工种的人员进行合理的计划，并按照工程开工日期组织施工队伍进场。

（3）资金资源准备。资金资源是工程建设的基本保障。施工生产的过程，一方面表现为实物形式的物资活动，另一方面表现为价值形式的资金活动。现在的工程一般规模较大，相应的投资也很大，如果没有足够的资金准备，一旦工程开工，在施工过程中如果资金跟不上，将会造成很大的损失。资金资源准备主要是指根据选定的施工方案、施工进度计划、当地的劳动力以及物资价格，同时结合未来市场预期编制施工资金计划。

（4）技术资源准备。技术资源是工程项目达到预期施工目标的有力手段，主要包括劳动者操作技能、劳动者素质、试验检验、科研攻关、管理程序和方法等。

4.施工现场的准备

施工现场是参加建筑施工的全体人员为安全、优质、低成本和高速度完成施工任务而进行工作的活动空间，其主要是为施工活动的顺利进行提供有利的条件。做好施工现场准备工作是保证工程按计划开工和各项施工活动顺利进行的重要环节。施工现场准备工作的主要内容包括分工、拆除障碍物、做好施工场地测量控制网的建立、做好“七通一平”、搭设临时设施等。

（1）分工。施工现场准备工作的各项内容由建设单位和施工单位共同完成，只有当建设单位和施工单位的施工现场准备工作就绪时，施工现场才具备了施工条件。建设单位和施工单位施工现场准备工作的具体分工如下。

1）建设单位的施工现场准备工作。具体内容包括：①办理土地征用、拆迁补偿、平整场地；②将施工所需水、电、电信线路从施工场外接至指定地点；③开通施工场地与所在城区公共道路的通道，以满足施工运输的需要；④向承包人提供施工场区工程地质和地下管线资料，并对资料的真实准确性负责；⑤将规划部门给定的坐标控制点以书面形式交给承包人，进行现场交验；⑥协调处理施工场地周围的地下管线和邻近建筑物、构筑物（包括文物保护建筑）、名木古树的保护工作，承担有关费用。

上述施工现场的准备工作，承发包双方可在合同专用条款的约定下，部分工作由施工单位来完成，发生的费用由建设单位承担。

2）施工单位的施工现场准备工作。具体内容如下：

第一，根据工程需要，提供和维修非夜间施工使用的照明、围栏设施，并负责安全保卫。

第二，按合同专用条款约定的要求，向工程发包人提供施工现场办公和生活的房屋及附属设施，发包人承担由此发生的费用。

第三，按合同专用条款约定做好施工场地地下管线和邻近建筑物、构筑物、名木古树的保护工作。

第四，保证施工场地清洁，符合环境卫生管理的有关规定。

第五，建立测量控制网。

第六，做好工程用地范围内的“七通一平”，其中平整场地由建设单位完成，但是建设单位可按合同专用条款的约定要求施工单位完成，发生的费用由建设单位承担。

第七，搭设供施工现场生产和生活用的临时设施。

（2）拆除房屋障碍物。施工现场的一切地上、地下障碍物，在工程开工前如需拆除的都应拆除。拆除障碍物这项工作无论是由建设单位来完成还是由施工单位来完成，在正式拆除前一定要摸清现场情况，尤其应注意施工现场的地下各种管线，以防止拆除过程中各类事故的发生。

（3）建设测量控制网。在施工过程中，保证施工现场坐标控制点的稳定、正确，是施工过程中进行测量控制的前提，是保证建筑物施工质量的先决条件，尤其是在城区建设中，建筑物周围障碍物多，视线条件差，会给测量控制带来一定的难度，施工时应根据建设单位提供的由规划部门给定的永久性坐标控制点和高程，按建筑总图上的要求进行施工现场控制网点的测量，建立测量控制网，并设立施工现场永久性坐标桩，为施工过程中的测量控制提供条件。

（4）做好“七通一平”。

1）路通。施工现场的道路是组织物资运输的动脉。拟建工程开工前，必须按照施工总平面图的要求，修建必要的临时性道路，以保证施工所需的各种建筑材料、机械、设备和构件等能够按时进场。为节约临时工程费用、缩短施工准备工作的时间，应尽量利用原有道路设施或拟建永久性道路（如厂区公路等）。

2）给水通。水是施工现场进行生产、生活以及消防不可缺少的。拟建工程开工之前，必须按照施工总平面图的要求，接通各种用水的管线。施工现场各种临时用水管线的铺设，既要方便各用水点正常用水，又要尽可能缩短管线长度。在布置施工临时给水管线时尽可能与永久性的给水系统结合起来。

3）排水通。做好施工现场的排水工作，对于保证施工能够顺利进行具有重要的意义，尤其是在雨季，特别要做好基坑周围的挡土支护工作，防止坑外雨水流入坑内，同时做好基坑内的排水准备工作。这里的排水也包含施工现场污水的排放、施工过程中产生的污水。

4）电力通。电是施工现场的主要动力来源。拟建工程开工前，应按照施工组织设计的要求，接通电力设施，确保施工现场动力设备的正常运行。

5）电信通。拟建工程开工前，应按照施工组织设计的要求，接通电信设施，确保施工现场通信设备的正常运行。

6）燃气通。施工现场如需燃气，应按施工组织设计的要求做好相应的工作，以保证施工能够顺利进行。

7）热力通。在施工过程中如需热力，则必须按要求做好相应的准备工作，以确保热力供应畅通，保证施工活动的正常开展。

（5）搭建临时设施。施工现场所需的生产（如钢筋加工棚、配电房、搅拌机操作棚等）和生活（如办公楼、宿舍、食堂、厕所灯）用的临时设施，应按施工平面布置图的要求进行搭设，不得乱搭乱建，并尽量利用施工现场或附近的原有设施（包含需要拆迁但可以供施工暂时利用的建筑物或构筑物），以节约投资，同时宜采用移动式、装配式临时建筑。施工用地周围应用围墙围挡起来，并在主要出入口设置标牌。

5.季节性的施工准备

建筑工程的施工大多数属于露天作业，受气候的影响比较大，因此，在雨期、夏季以及冬期施工中，必须结合具体条件，做好相应的施工准备工作，才能保证安全、按期、保质地完成施工任务。

（1）雨期施工准备。雨期施工由于受到施工条件及环境等不利因素的影响，容易导致工程质量以及人身安全事故的发生。做好雨期施工准备工作，对于保证工程质量、确保施工安全具有十分重要的意义。雨期施工一般应做好以下准备工作：

1）与当地气象部门保持联系，随时关注当地的气象信息。

2）在编制施工组织设计时，合理安排项目施工。晴天施工条件好，多完成室外作业，做好主体工程，为雨天创造工作面，多留一些室内工作在雨期施工。尽量把不适于雨天作业的工程，如大型土方工程、屋面防水工程等，抢在雨期到来之前完成。

3）做好施工现场周围的防洪排涝以及施工现场的排水工作。现场排水工作，须在进行整个现场的“七通一平”时进行统一的规划。雨期到来前，应进行有组织的检查，疏通道路边沟，加强管理，防止堵塞。施工现场的道路、设施必须做到排水通畅，尽量做到雨停水干。应防止地面水排入地下室、基础、地沟内。另外，应准备抽水设备（如水泵等），及时处理低洼、基坑中的积水，以免影响工程质量。

4）做好运输道路的维护及物资储备。降雨来临前，应对现场的临时道路进行修整，加铺碎石、炉渣等，同时对道路横剖面加大坡度以利排水，保证运输道路畅通。另外，要提前做好施工所需物资的储备工作，以保证施工的连续性。

5）准备必要的防雨器材，做好雨期施工现场物资以及所用施工机具、设备等的保护工作，以防止材料或机具受雨淋而影响正常使用。

6）在雨期前应做好现场房屋的防雨及排水工作。

7）加强技术及施工安全管理。认真编制和贯彻雨期施工技术措施和安全措施，做好雨期施工期间职工的安全教育和检查，以防止各类安全事故的发生。

（2）冬期施工准备。冬期施工由于受到施工条件及环境等不利因素的影响，容易导致工程质量事故的发生，并且质量事故多呈滞后性。为了确保施工安全、保证工程质量、顺利完成冬期施工任务，应做好以下施工准备工作：

1）做好组织准备，成立冬期施工领导小组。

2）针对冬期施工，做好施工组织设计编制工作。冬期施工由于其条件的特殊性，在编制施工组织设计时，应合理安排进度计划，尽量安排易保证工程质量、费用增加较少的项目（如室内装饰装修等），以保证施工的连续性。

3）进入冬期施工前，施工技术人员向有关班组做好冬期施工的技术交底，全面进行图纸复查，核对其是否能适应冬期施工要求。

4）加强对参加施工的所有管理人员和施工作业人员的培训，使之了解冬期施工的重要性及应注意的事项，做好专门的技术培训工作（如外掺剂的使用等）。

5）做好冬期施工所用设备、机具、材料等的准备。

6）做好与冬期施工有关的保温防冻工作，如施工现场临时供水管道、混凝土施工等的保温防冻工作。

7）强化施工企业和施工现场的安全管理。认真制定针对性强的冬期施工安全措施，开展冬期施工安全生产及防火知识的宣传、教育和培训，提高作业人员的自我防范意识和安全操作技能。

（3）夏季施工准备。夏季是一年中天气变化最剧烈、最复杂的时期，夏季施工一方面面临高温、多雨、台风等天气，施工作业条件环境恶劣；另一方面施工人员易疲劳、易中暑，容易导致注意力分散。因此，做好夏季施工准备工作，对于保证施工的连续性、确保人身安全具有重要意义。夏季施工通常应做好以下准备工作：

1）切实做好夏季施工项目的施工方案编制工作。针对夏季施工气温高、干燥快等特点，在编制夏季施工项目施工方案的同时应制定必要的技术措施。

2）做好现场防雷装置的准备。夏季不仅气温高，而且是雷雨多发的季节，尤其是现在建筑物的高度不断增大，导致高空作业多。在施工现场做好防雷装置的准备对于保证施工人员的安全以及施工现场用电设备的安全运行具有重要意义。

3）做好施工人员防暑降温工作的准备。

第一，合理安排和调节作息时间避开高温时段施工，有条件、有安全保障的项目可开展夜间施工作业。

第二，保证饮水的供应，可准备绿豆汤、冷饮等清凉解渴的饮品为职工降暑，严格防止中暑事件的发生。

第三，应保证食堂的排气通风处于良好的状态，并且合理安排一些有利于防暑降温的膳食。

第四，职工宿舍应保证通风散热良好，有条件的项目应安装风扇或空调，应保证职工有足够的睡眠。

第五，项目部应配置基本的防暑降温药物和医务卫生人员。万一施工现场有人员发生中暑，应立即将其撤离高温场所，医务人员应根据中暑的轻重确定应对措施，严格防止中暑死亡事故的发生。

第二章　建筑基础工程施工

随着我国社会经济水平的日益提高，加快了建筑行业的发展速度，同时对于建筑工程质量的要求标准也变得越来越高。本章对建筑地基处理及验收、建筑砌筑工程与安全技术、建筑结构安装工程施工进行论述。

第一节　建筑地基处理及验收

一、地基处理及加固

“地基是建筑的重要基础，在施工过程中要对这一结构的稳固性进行保证，从而使建筑具有较好的基础稳定性。”①因为任何建筑物都必须有可靠的地基和基础。建筑物的全部重量（包括各种荷载）最终将通过基础传给地基，所以，对某些地基的处理及加固就成为基础工程施工中的一项重要内容。

（一）地基处理的特征

（1）地基基础处理工作的难度较大。每个工程项目施工之前，地基的处理工作都是最基础的，而地基的处理工作一般都是在地下进行的，并且对于整体工程的影响也是较大的，所以如果地基一旦出现问题就必须运用合适的方式进行解决，同时还需要对整体的建筑结构进行调节。

（2）地基处理相对来说比较复杂。地基基础在进行实际施工的过程中特别容易受到各种因素的影响，在选择地基处理方式的过程中，必须根据地基所处地质条件选择合适的方法。而在进行地基基础处理工作之前，需要对地基所处的地质条件进行相应的勘察分析，这样才能够保障后期建筑工程施工顺利进行。

（3）对地基基础进行处理。对于建筑的稳固性起着决定性的作用，这样也不会对周边的建筑物造成不必要的影响。在对地基基础进行处理的过程中，一定要严格要求，避免由于地基处理问题而导致对后期整体的建筑结构产生影响，这样在一定情况下也会威胁到

① 麻雨晨. 建筑结构中砌筑工程常见的质量问题与措施[J]. 居舍，2019（14）：6.

人们的生命财产安全。除此之外，建筑工程的底部位置就是我们的地基，所以地基基础如果出现问题，人们也不可能在第一时间发现，同时它对整体工程造成的影响也是非常大的。

（二）地基处理的方法

在软弱地基上建造建筑物或构筑物，需要对地基进行人工处理，满足结构对地基的要求。常用的人工地基处理方法如下。

1.换土地基

当建筑物基础下的持力层比较软弱，不能满足上部荷载对地基的要求时，常采用换土地基来处理软弱地基。先将基础下一定范围内承载力低的软土层挖去，然后回填强度较大的砂、碎石或灰土等，并夯至密实。

换土地基可以有效地处理某些荷载不大的建筑物地基问题，如一般的三层和四层房屋、路堤、油罐和水闸等地基。换土地基按其回填的材料可分为砂地基、碎（砂）石地基、灰土地基等。

（1）砂地基和砂石地基。砂地基和砂石地基是将基础下一定范围内的土层挖去，然后用强度较大的砂或碎石等回填，并经分层夯实至密实，以起到提高地基承载力、减少沉降、加速软弱土层的排水固结、防止冻胀和消除膨胀土的胀缩等作用。该地基具有施工工艺简单、工期短、造价低等优点。

（2）灰土地基。灰土地基是将基础底面下一定范围内的软弱土层挖去，用一定体积配合比的石灰和黏性土搅拌均匀，在最优含水量情况下分层回填夯实或压实而成。该地基具有一定的强度、水稳定性和抗渗性，施工工艺简单，取材容易，费用较低。适用于处理1～4m厚的软弱土层。

2.强夯地基

强夯地基是用起重机械将重锤（一般8～30t）吊起从高处（一般6～30m）自由落下，给地基以冲击力和振动，从而提高地基土的强度并降低其压缩性的一种有效的地基加固方法。该法具有效果好、速度快、节省材料、施工简便，但施工时噪声和振动大等特点，适用于碎石土、砂土、黏性土、湿陷性黄土及填土地基等加固处理。

（1）机具设备

1）起重机械。起重机宜选用起重能力为150kN以上的履带式起重机，也可采用专用三角起重架或龙门架作为起重设备。

2）夯锤。夯锤可用钢材制作，或用钢板为外壳，内部焊接钢筋骨架后浇筑C30混凝土制成。夯锤底面有圆形和方形两种，圆形不易旋转，定位方便，稳定性和重合性好，应用较广。夯锤中宜设置若干个上下贯通的气孔，以减少夯击时的空气阻力。

3）脱钩装置。脱钩装置应具有足够的强度，且施工灵活。常用的工地自制自动脱钩器由吊环、耳板、销环、吊钩等组成，由钢板焊接制成。

（2）施工要点

1）强夯施工前，应进行地基勘察和试夯。通过对试夯前后的试验结果对比分析，确定正式施工时的技术参数。

2）强夯前应平整场地，周围做好排水沟，按夯点布置测量放线，确定夯位。地下水位较高时，应在表面铺0.5～2.0m中（粗）砂或砂石地基，其目的是在地表形成硬层，可用以支承起重设备，既可确保机械通行、施工，又可便于强夯产生的孔隙水压力消散。

3）强夯施工须按试验确定的技术参数进行。一般以各个夯击点的夯击数为施工控制值，也可采用试夯后确定的沉降量控制。夯击时，落锤应保持平稳，夯位准确，如移位或坑底倾斜过大，宜用砂土将坑底整平，才可进行下一次夯击。

4）强夯施工最好在干旱季节进行，如遇雨天施工，夯击坑内或夯击过的场地有积水时，必须及时排除。冬期施工时，应将冻土击碎。

5）强夯施工时应对每一夯实点的夯击能量、夯击次数和每次夯沉量等做好详细的现场记录。

3.振冲地基

振冲地基，又称振冲桩复台地基，是以起重机吊起振冲器，启动潜水电机带动偏心块，使振冲器产生高频振动，同时开动水泵，通过喷嘴喷射高压水流成孔，然后分批填以砂石骨料形成一根根桩体，桩体与原地基构成复合地基，以提高地基的承载力，减少地基的沉降和沉降差的一种快速、经济有效的加固方法。该法具有技术可靠，机具设备简单，操作技术易于掌握，施工简便，节省三材，加固速度快，地基承载力高等特点。

振冲地基按加固机制和效果的不同，可分为：①振冲置换法适用于处理不排水、抗剪强度小于20kPa的黏性土、粉土、饱和黄土及人工填土等地基；②振冲密实法。振冲密实法适于处理砂土和粉土等地基，不加填料的振冲密实法仅适用于处理黏土粒含量小于10%的粗砂、中砂地基。

（三）地基局部处理与加固方法

1.地基局部处理

（1）松土坑的处理

1）当坑的范围较小（在基槽范围内）时，可将坑中松软土挖除，使坑底及四壁均见天然土为止，回填与天然土压缩性相近的材料。

2）当坑的范围较大（超过基槽边沿）或因条件限制槽壁挖不到天然土层时，则应将该范围内的基槽适当加宽，加宽部分的宽度可按下述条件确定：当用砂土或砂石回填时，基槽每边均应按1：1坡度放宽；当用1：9或2：8灰土回填时，按0.5：1坡度放宽；当用3：7灰土回填时，如坑的长度<2m，基槽可不放宽，但灰土与槽壁接触处应夯实。

3）如果坑在槽内所占的范围较大（长度在5m以上），且坑底土质与一般槽底天然土质相同，可将此部分基础加深，做1：2踏步与两端相接，踏步数量根据坑深而定，但每步高不大于0.5m、长不小于1.0m。

4）对于较深的松土坑（如坑深大于槽宽或大于1.5m时），槽底处理后，还应适当考虑加强上部结构的强度，方法是在灰土基础上1～2皮砖处（或混凝土基础内）、防潮层下1～2皮砖处及首层顶板处加配4根直径为8～12mm钢筋跨过该松土坑两端各1m，以防止产生过大的局部不均匀沉降。

（2）砖井或土井的处理

1）砖井或土井在室外，且距基础边缘5m以内时，应先用素土分层夯实，回填到室外地坪以下1.5m处，将井壁四周砖圈拆除或松软部分挖去，然后用素土分层回填并夯实。

2）井在基础下时，应先用素土分层回填夯实至基础底下2m处，将井壁四周松软部分挖去，有砖井圈时，将井圈拆至槽底以下1～1.5m。当井内有水，应用中、粗砂及块石、卵石或碎砖回填至水位以上0.5m，然后再按上述方法处理；当井内已填有土，但不密实，且挖除困难时，可在部分拆除后的砖石井圈上加钢筋混凝土盖封口，上面用素土或2：8灰土分层回填、夯实至槽底。

3）若井在房屋转角处，且基础部分或全部压在井上，除用以上方法回填处理外，还应对基础加强处理。当基础压在井上部分较少，可采用从基础上挑梁的方法解决。

4）当井已淤填，但不密实时，可用大块石将下面软土挤密，再用上述方法回填处理。如果井内不能夯填密实，上部荷载又较大，可在井内设灰土挤密桩或石灰桩处理；如果井在大体积混凝土基础下，可在井圈上加钢筋混凝土盖板封口，上部再用素土或2：8灰土回填密实的方法处理，使基土内附加应力传布范围比较均匀，但要求盖板至基底的高差大于井径。

（3）局部软硬土的处理

当基础下局部遇基岩、旧墙基、大孤石、老灰土、化粪池、大树根、砖窑底等，均应尽可能挖除，以防建筑物由于局部落于较硬物上造成不均匀沉降，而使上部建筑物开裂。

如果基础一部分落于原土层上，另一部分落于回填土地基上时，可在填土部位用现场钻孔灌注桩或钻孔爆扩桩直至原土层，使该部位上部荷载直接传至原土层，以避免地基的不均匀沉降。

2.其他地基加固方法

（1）砂桩地基。砂桩地基是采用类似沉管灌注桩的机械和方法，通过冲击和振动，把砂挤入土中而成的。这种方法经济、简单且有效。对于砂土地基，可通过振动或冲击的挤密作用，使地基达到密实，从而增加地基承载力，降低孔隙比，减少建筑物沉降，提高砂基抵抗震动液化的能力。

对于饱和软黏土地基，由于其渗透性较小，抗剪强度较低，灵敏度又较大，要使砂桩本身挤密并使地基土密实往往较困难，相反地，还会破坏了土的天然结构，使抗剪强度降低，因而对这类工程要慎重对待。

（2）水泥土搅拌桩地基。水泥土搅拌桩地基是利用水泥、石灰等材料作为固化剂，通过特制的深层搅拌机械，在地基深处就地将软土和固化剂（浆液或粉体）强制搅拌，利用固化剂和软土之间所产生的一系列物理、化学反应，使软土硬结成具有一定强度的优质地基。该法具有无振动、无噪声、无污染、无侧向挤压，对邻近建筑物影响较小，且施工期较短、造价低廉、效益显著等特点。适用于加固较深较厚的淤泥、淤泥质土、粉土和含水量较高的地基，对超软土效果更为显著。多用于墙下条形基础、大面积堆料厂房地基，在深基开挖时用于防止坑壁及边坡塌滑、坑底隆起，以及做地下防渗墙等工程。

（3）预压地基。预压地基是在建筑物施工前，在地基表面分级堆土或设置其他荷重，使地基土压密、沉降、固结，从而提高地基强度和减少建筑物建成后的沉降量。待达到预定标准后再卸载，建造建筑物。

该法使用材料、机具方法简单直接，施工操作方便，适用于各类软弱地基，包括天然沉积土层或人工充填土层，较广泛用于冷藏库、油罐、机场跑道、集装箱码头、桥台等沉降要求较低的地基。实践证明，利用堆载预压法能取得一定的效果，但能否满足工程要求，则取决于地基土层的固结特性、土层的厚度、预压荷载的大小和预压时间等因素。因此，在使用上受到一定的限制。

（4）注浆地基。注浆地基是指利用化学溶液或胶结剂，通过压力灌注或搅拌混合等措施，将土粒胶结起来的地基处理方法。该法具有设备工艺简单、加固效果好，可提高地基强度、消除土的湿陷性、降低压缩性等特点。

适用于局部加固新建或已建的建（构）筑物基础、稳定边坡以及防渗帷幕等；也适用于湿陷性黄土地基，对于黏性土、素填土、地下水位以下的黄土地基，经试验有效时也可应用，但长期受酸性污水浸蚀的地基不宜采用。化学加固能否获得预期的效果，主要决定于能否根据具体的土质条件选择适当的化学浆液（溶液和胶结剂）和采用有效的施工工艺。

总之，用于地基加固处理的方法较多，除上述介绍的几种以外，还有高压喷射注浆地基等。

二、浅埋式钢筋混凝土基础施工

（一）条式基础

条式基础包括柱下钢筋混凝土独立基础和墙下钢筋混凝土条形基础。这种基础的抗弯和抗剪性能良好，可在竖向荷载较大、地基承载力不高以及承受水平力和力矩等荷载情况下使用。因高度不受台阶宽高比的限制，故适宜于需要“宽基浅埋”的情况下采用。

条式基础的施工要点。

（1）基坑（槽）应进行验槽，局部软弱土层应挖去，用灰土或砂砾分层回填夯实至基底相平。基坑（槽）内浮土、积水、淤泥、垃圾、杂物应清除干净。验槽后地基混凝土应立即浇筑，以免地基土被扰动。

（2）浇筑混凝土前，应清除模板上的垃圾、泥土和钢筋上的油污等杂物，模板应浇水加以湿润。

（3）基础混凝土宜分层连续浇筑完成。阶梯形基础的每一台阶高度内应分层浇捣，每浇筑完一个台阶应稍停0.5～1.0h，待其初步沉实后，再浇筑上层，以防止下台阶混凝土溢出，台阶表面应基本抹平。

（4）锥形基础的斜面部分模板应随混凝土浇捣分段支设并顶压紧，以防模板上浮变形，边角处的混凝土应注意捣实。严禁斜面部分不支模，可用铁锹拍实。

（5）基础上有插筋时，要加以固定，保证插筋位置的正确，防止浇捣混凝土时发生移位。

混凝土浇筑完毕，外露表面应覆盖浇水养护。

（二）杯形基础

杯形基础常用作钢筋混凝土预制柱基础，基础中预留凹槽（杯口），然后插入预制柱，临时固定后，再在四周空隙中灌细石混凝土。其形式有一般杯口基础、双杯口基础和高杯口基础等。

（三）筏式基础

筏式基础由钢筋混凝土底板、梁等组成，适用于地基承载力较低而上部结构荷载很大的情况。其外形和构造上像倒置的钢筋混凝土楼盖，整体刚度较大，能有效将各柱子的沉降调整得较为均匀。筏式基础一般可分为梁板式和平板式。

筏式基础的施工要点如下：

（1）施工前，如果地下水位较高，可采用人工降低地下水位至基坑底以下不少于500mm，以保证在无水的情况下进行基坑开挖和基础施工。

（2）在施工时，可以先在垫层上绑扎底板、梁的钢筋和柱子锚固插筋，浇筑底板混凝土，待达到25%设计强度后，再在底板上支梁模板，继续浇筑完梁部分混凝土；也可以将底板和梁模板一次同时支好，混凝土一次连续浇筑完成，梁侧模板采用支架支承并固定牢固。

（3）在混凝土浇筑时，一般不留施工缝；当必须留设时，应按施工缝要求处理，并应设置止水带。

（4）基础浇筑完毕，表面应覆盖和洒水养护，并防止地基被水浸泡。

（四）箱形基础

箱形基础是由钢筋混凝土底板、顶板、外墙以及一定数量的内隔墙构成封闭的箱体，基础中部可在内隔墙开门洞作地下室。该基础具有整体性好、刚度大，调整不均匀沉降能力及抗震能力强，可消除因地基变形使建筑物开裂的可能性，减少基底处原有地基自重应力，降低总沉降量等特点。适用于软弱地基上的面积较小、平面形状简单、上部结构荷载大且分布不均匀的高层建筑物的基础，以及对沉降有严格要求的设备基础或特种构筑物基础。

1.构造要求

（1）箱形基础在平面布置上尽可能对称，以减少荷载的偏心，防止基础过度倾斜。

（2）为保证箱形基础的整体刚度，平均每平方米基础面积上墙体长度应不小于400mm，或墙体水平截面积不得小于基础面积的1/10，其中纵墙配置量不得小于墙体总配置量的3/5。

2.施工要点

（1）基坑开挖，如果地下水位较高，应采取措施降低地下水位至基坑底以下500mm处，并尽量减少对基坑底土的扰动。当采用机械开挖基坑时，在基坑底面以上200 ~ 400mm厚的土层，应用人工挖除并清理，基坑验槽后，应立即进行基础施工。

（2）在施工时，基础底板、内外墙和顶板的支模、钢筋绑扎和混凝土浇筑，可采取分块进行，其施工缝的留设位置和处理应符合现行要求，外墙接缝应设止水带。

（3）基础的底板、内外墙和顶板宜连续浇筑。为防止出现温度收缩裂缝，一般应设置贯通后浇带，带宽不宜小于800mm。在后浇带处钢筋应贯通，顶板浇筑2 ~ 4周后，用比设计强度提高一级的细石混凝土将后浇带填灌密实并加强养护。

（4）基础施工完毕，应立即进行回填土。在停止降水时，应验算基础的抗浮稳定性，抗浮稳定系数不宜小于1.2。如不能满足时，应采取有效措施，如继续抽水直至上部结构，至荷载加工后能满足抗浮稳定系数要求为止；或在基础内采取灌水或加重物等，防止基础上浮或倾斜。

三、现浇混凝土桩施工工艺

现浇混凝土桩（也称为灌注桩）是一种直接在现场桩位上使用机械或人工等方法成孔，然后在孔内安装钢筋笼，浇筑混凝土而成的桩。按其成孔方法不同，可分为钻孔灌注桩、沉管灌注桩、人工挖孔灌注桩、爆扩灌注桩等。

（一）钻孔灌注桩

钻孔灌注桩是指利用钻孔机械钻出桩孔，并在孔中浇筑混凝土（或先在孔中吊放钢筋笼）而成的桩。根据钻孔机械的钻头是否在土壤的含水层中施工，又分为以下两种施工方法。

1.泥浆护壁成孔灌注桩

泥浆护壁成孔灌注桩适用于地下水位较高的地质条件。按设备又分为冲抓钻、冲击回转钻及潜水钻成孔法。前两种适用于碎石土、砂土、黏性土及风化岩地基，后一种则适用于黏性土、淤泥、淤泥质土及砂土。

（1）施工设备。施工设备主要有冲击钻机、冲抓钻机、回转钻机及潜水钻机，这里主要介绍潜水钻机。潜水钻机由防水电机、减速机构和钻头等组成。电机和减速机构装设在具有绝缘和密封装置的电钻外壳内，且与钻头紧密连接在一起，因而能共同潜入水下作业。潜水钻机既适用于水下钻孔，也可用于地下水位较低的干土层钻孔。

（2）施工方法。钻机钻孔前，应做好场地平整，挖设排水沟，设泥浆池制备泥浆，做试桩成孔，设置桩基轴线定位点和水准点，放线定桩位及其复核等施工准备工作。钻孔时，先安装桩架及水泵设备，桩位处挖土埋设孔口护筒，起定位、保护孔口、存扩泥浆等作用，桩架就位后，钻机进行钻孔。在钻孔时，应在孔中注入泥浆，并始终保持泥浆液面高于地下原土水位1.0m以上，起护壁、携渣、润滑钻头、降低钻头发热、减少钻进阻力等作用。在黏土、亚黏土层中钻孔时，可注入清水以造浆护壁、排渣。钻孔进尺速度应根据土层类别、孔径大小、钻孔深度和供水量确定。

钻孔深度达到设计要求后，必须进行清孔。对以原土造浆的钻孔，可使钻机空转不进尺，同时注入清水，等孔底残余的泥块已磨浆，排出泥浆比重降至1.1左右（以手触泥浆无颗粒感觉），即可认为清孔已合格。

清孔完毕后，应立即吊放钢筋笼和浇筑水下混凝土。钢筋笼埋设前应在其上设置定位钢筋环、混凝土垫块，或在孔中对称设置3～4根导向钢筋，以确保保护层厚度。水下浇筑混凝土通常采用导管法施工。

2.干作业成孔灌注桩

干作业成孔灌注桩适用于地下水位以上的干土层中桩基的成孔施工。

（1）施工设备。施工设备主要有螺旋钻机、钻孔扩机、机动或人工洛阳铲等，这里主要介绍螺旋钻机。

常用的螺旋钻机有履带式和步履式两种。前者一般由履带车、支架、导杆、鹅头架滑轮、电动机头、螺旋钻杆及出土筒组成；后者的行走度盘为步履式，在施工时用步履进行移动。步履式机下装有活动轮子，施工完毕后装上轮子由机动车牵引到另一个工地。

（2）施工方法。钻机钻孔前，应做好现场准备工作。钻孔场地必须平整、碾压或夯实，在雨季施工时需要加白灰碾压以保证钻孔行车安全。当钻机按桩位就位时，钻杆要垂直对准桩位中心，放下钻机使钻头触及土面。在钻孔时，开动转轴旋动钻杆钻进，先慢后快，避免钻杆摇晃，并随时检查钻孔偏移，有问题应及时纠正。施工中，应注意钻头在穿过软硬土层交界处时，应保持钻杆垂直，缓慢进尺。在含砖头、瓦块的杂填土或含水量较大的软塑黏性土层中钻进时，应尽量减小钻杆晃动，以免扩大孔径及增加孔底虚土。出现钻杆跳动、机架摇晃、钻不进等异常现象时，应立即停钻检查。钻进过程中应随时清理孔口积土，遇到地下水、缩孔、坍孔等异常现象，应会同有关单位研究处理。

钻孔至要求深度后，可用钻机在原处空转清土，然后停止回转，提升钻杆卸土。如果孔底虚土超过容许厚度，可用辅助掏土工具或二次投钻清底。清孔完毕后应用盖板盖好孔口。

桩孔钻成并清孔后，先吊放钢筋笼，后浇筑混凝土。为防止孔壁坍塌，避免雨水冲刷，成孔经检查合格后，应及时浇筑混凝土。若土层较好，没有雨水冲刷，从成孔至混凝土浇筑的时间间隔也不得超过 24h。灌注桩的混凝土强度等级不得低于 C15，坍落度一般采用 80 ~ 100mm，混凝土应连续浇筑、分层捣实，每层的高度不得大于 1.5m；当混凝土浇筑至桩顶时，应适当超过桩顶标高，以保证在凿除浮浆层后，使桩顶标高和质量符合设计要求。

（二）沉管灌注桩

沉管灌注桩是指利用锤击打桩法或振动打桩法，将带有活瓣式桩靴或预制钢筋混凝桩尖的钢管沉入土中，然后边浇筑混凝土（或先在管内放入钢筋笼）边锤击或振动拔管而成。前者称为锤击沉管灌注桩，后者称为振动沉管灌注桩。

1.锤击沉管灌注桩

锤击沉管灌注桩是采用落锤、蒸汽锤或柴油锤将钢套管沉入土中成孔，然后灌注混凝土或钢筋混凝土，抽出钢管而成。

在施工时，先将桩机就位，吊起桩管，垂直套入预先埋好的预制混凝土桩尖，压入土中。

桩管与桩尖接触处应垫以稻草绳或麻绳垫圈，以防止地下水渗入管内。当检查桩管与桩锤、桩架等在同一垂直线上（偏差<0.5%），即可在桩管上扣上桩帽，起锤沉管。先用低锤轻击，观察无偏移后方可进入正常施工，直至符合设计要求的深度，并检查管内无泥浆或水进入，即可灌注混凝土。桩管内混凝土应尽量灌满，然后开始拔管。拔管要均匀，第一次拔管高度控制在能容纳第二次所需灌入的混凝土量为限，不宜拔管过高。拔管时应保持连续密锤、低击不停，并控制拔出速度。拔管时应注意使管内的混凝土量保持略高于地面，直到桩管全部拔出地面为止。

上述的施工工艺称为单打灌注桩的施工。为了提高桩的质量和承载能力，常采用复打扩大灌注桩。其施工方法是：在第一次单打法施工完毕并拔出桩管后，清除桩管外壁上和桩孔周围地面上的污泥，立即在原桩位上再次安放桩尖，再做第二次沉管，使未凝固的混凝土向四周挤压扩大桩径，然后灌注第二次混凝土，拔管方法与第一次相同。复打施工时，要注意前后两次沉管的轴线应重合，复打必须在第一次灌注的混凝土初凝之前进行。

2.质量要求

（1）锤击沉管灌注桩混凝土强度等级应不低于C20；混凝土坍落度，在有筋时宜为80～100mm，在无筋时宜为60～80mm；碎石粒径，有筋时不大于25mm，在无筋时不大于40mm；桩尖混凝土强度等级不得低于C30。

（2）当桩的中心距为桩管外径的5倍以内或小于2m时，均应跳打，中间空出的桩须待邻桩混凝土达到设计强度的50%以后，方可施打。

（3）桩位允许偏差：群桩不大于$0.5d$（d为桩管外径）；对于两个桩组成的基础，在两个桩的连线方向上偏差不大于$0.5d$，垂直此线的方向上则不大于$d/6$；墙基由单桩支承的，平行墙的方向偏差不大于$0.5d$，垂直墙的方向不大于$d/6$。

3.振动沉管灌注桩

振动沉管灌注桩是采用激振器或振动冲击锤将钢套管沉入土中成孔而成的灌注桩，其沉管原理与振动沉桩完全相同。

在施工时，先安装好桩机，将桩管下端活瓣合起来，对准桩位，徐徐放下桩管，压入土中，勿使偏斜，即可开动激振器沉管。当桩管下沉到设计要求的深度后，便停止振动，立即利用吊斗向管内灌满混凝土，并再次开动激振器，边振动边拔管，同时在拔管的过程中继续向管内浇筑混凝土。如此反复进行，直至桩管全部拔出地面后即形成混凝土桩身。

振动灌注桩可采用单振法、反插法或复振法施工。

（三）人工挖孔灌注桩

人工挖孔灌注桩是指桩孔采用人工挖掘方法进行成孔，然后安放钢筋笼，浇筑混凝土而成的桩。其施工特点是：设备简单，无噪声、无振动、不污染环境，对施工现场周围原有建筑物的影响小；施工速度快，可按施工进度要求决定同时开挖桩孔的数量，必要时，各桩孔可同时施工；土层情况明确，可直接观察到地质变化，桩底沉渣能清除干净，施工质量可靠。尤其是当高层建筑选用大直径的灌注桩，而其施工现场又在狭窄的市区时，采用人工挖孔比机械挖孔具有更好的适应性。但其缺点是人工消耗量大、开挖效率低、安全操作条件差等。

（1）施工设备。施工设备可根据孔径、孔深和现场具体情况加以选用，常用的有电动葫芦、提土桶、潜水泵、鼓风机和输风管、镐、锹、土筐、照明灯、对讲机及电铃等。

（2）施工工艺。在施工时，为确保挖土成孔施工安全，必须考虑预防孔壁坍塌和流砂现象发生的措施。因此，施工前应根据水文地质资料，拟订出合理的护壁措施和降排水方案。护壁方法很多，可以采用现浇混凝土护壁、喷射混凝土护壁、混凝土沉井护壁、砖砌体护壁、钢套管护壁、型钢–木板桩工具式护壁等多种。下面介绍应用较广的现浇混凝土护壁式人工挖孔桩的施工工艺流程。

人工挖孔桩构造及混凝土护壁形式：

1）按设计图纸放线、定桩位、做井圈。

2）开挖桩孔土方。采取分段开挖，每段高度取决于土壁保持直立状态而不塌方的能力，一般取0.5～1.0m为一施工段。开挖范围为设计桩径加护壁的厚度。

3）支设护壁模板。模板高度取决于开挖土方施工段的高度，一般为1m，由4～8块活动钢模板组合而成，支成有锥度的内模。

4）放置操作平台。内模支设后，将用角钢和钢板制成的两半圆形合成的操作平台吊放到桩孔内，置于内模顶部，用于放置料具和浇筑混凝土。

5）浇筑护壁混凝土。护壁混凝土起防止土壁塌陷和防水的双重作用，因而在浇筑时要注意捣实。上下段护壁要移位搭接50～75mm（咬口连接），以便连接起上下段。

6）拆除模板继续下段施工。当护壁混凝土达到1MPa（常温下约经24h）后，方可拆除模板，开挖下段的土方，再支模浇筑护壁混凝土，如此循环，直至挖到设计要求的深度为止。

7）排出孔底积水，浇筑桩身混凝土。当桩孔挖到设计深度，并检查孔底土质已达到设计要求后，再在孔底挖成扩大头。待桩孔全部成型后，用潜水泵抽出孔底的积水，然后立即浇筑混凝土。混凝土浇筑至钢筋笼的底。

（3）质量要求。

1）必须保证桩孔的挖掘质量。桩孔挖成后应有专人下孔检验，检查土质是否符合勘察报告、扩孔几何尺寸与设计是否相符等，孔底虚土残渣情况要作为隐蔽验收记录归档。

2）桩孔中心线的平面位置偏差不大于20mm，桩的垂直度偏差不大于桩长，桩径不得小于设计直径。

3）钢筋骨架应保证不变形，箍筋与主筋应点焊。钢筋笼吊入孔内后，应保证其与孔壁间有足够的保护层。

4）混凝土坍落度宜在100mm左右，用浇灌漏斗桶直落，避免离析，必须振捣密实。

（4）安全措施。人工挖孔桩的施工安全应予以特别重视。工人在桩孔内作业，应严格按照安全操作规程施工，并有切实可靠的安全措施。孔下操作人员必须戴安全帽；孔下有人时，孔口必须有监护人员；护壁要高出地面150～200mm，以防杂物滚入孔内；孔内必须设置应急软爬梯，供人员上下井；使用的电葫芦、吊笼等应安全可靠，并配有自动卡紧保险装置，不得使用麻绳和尼龙绳吊挂或脚踏井壁凸缘上下，使用前必须检查其安全起吊能力；每日开工前必须检测井下的有毒、有害气体，并应有足够的安全防护措施；当桩孔开挖深度超过10m时，应有专门向井下送风的设备。

孔口四周必须设护栏。挖出的土石方应及时运离孔口，不得堆放在孔口四周1m范围内，机动车辆的通行不得对井壁的安全造成影响。

施工现场的一切电源、电路的安装和拆除必须由持证电工操作；电器必须严格接地、接零和使用漏电保护器。各孔用电必须分闸，严禁一闸多用。孔上电缆必须架空2.0m以上，严禁拖地和埋压在土中，孔内电缆、电线必须有防磨损、防潮、防断等保护措施。照明应采用安全矿灯或12V以下的安全灯。

（四）旋挖成孔灌注桩

旋挖成孔灌注桩是近年来大力推广的一种先进的桩基施工工艺，有取代泥浆护壁成孔灌注桩之势。工艺原理：旋挖钻机通过钻头和钻杆的旋转，借助钻具自重和钻机加压系统，边旋转边切削地层并将其装入钻斗内，再将钻斗提出孔外卸土，取土卸土、循环往复，成孔直至设计深度。适用于黏土、粉土、砂土、填土、碎石土及风化岩层。根据地基条件差异，旋挖成孔方式主要有以下3种：干作业旋挖成孔、湿作业旋挖成孔、套管护壁作业旋挖成孔。本节重点讲述干作业旋挖成孔。

（1）旋挖钻机。旋挖钻机全液压驱动、计算机控制，能精确定位钻孔、自动校正钻孔垂直度、测量钻孔深度，工效是循环钻机的20倍；施工效率高、振动小、噪声低，无泥浆或排浆量小，是常用的桩基施工机械。

（2）旋挖钻机构造。旋挖钻机组成由液压履带式伸缩底盘、动力头、钻杆、旋转动力装置等部件组成。旋挖钻机钻具有钻斗和钻头两种。

在旋挖钻斗钻进时，将土屑切削入斗筒内，提升钻斗至孔外卸土而成孔，主要用于含水较高的砂土、淤泥、黏土、淤泥质亚黏土、砂砾层、卵石层和风化软基岩等地层中的无循环钻进；在螺旋钻头钻进时，土进入钻头螺纹中，卸土时提起钻头、反向旋转将土甩出而成孔，主要用于地下水位以上软岩、小粒径的砾石层、中风化以下岩层的无循环钻进。在施工过程中，应根据设计图中的桩径、桩深、地层情况选用合适型号的旋挖钻具。

（3）干作业旋挖成孔。干作业旋挖成孔适用于地下水位以上的素填土、黏性土、粉土、砂土、碎石土及风化岩层等不需要护壁措施的相对较好地质条件的场地。

（五）爆扩灌注桩

爆扩灌注桩（以下简称爆扩桩）是用钻孔或爆扩法成孔，孔底放入炸药，再灌入适量的混凝土，然后引爆，使孔底形成扩大头，此时，孔内混凝土落入孔底空腔内，再放置钢筋骨架，浇筑桩身混凝土而制成的灌注桩。

爆扩桩在黏性土层中使用效果较好，爆扩桩的施工一般可采取桩孔和扩大头分两次爆扩形成。

（1）成孔。爆扩桩成孔的方法可根据土质情况确定，一般有人工成孔（洛阳铲或手摇钻）、机钻成孔、套管成孔和爆扩成孔等多种。

（2）爆扩大头。扩大头的爆扩，宜采用硝铵炸药和电雷管进行，且同一工程中宜采用同一种类的炸药和雷管。炸药用量应根据设计所要求的扩大头直径，由现场试验确定。药包必须用塑料薄膜等防水材料紧密包扎，并用防水材料封闭以防浸受潮。药包宜包扎成扁圆球形，使其炸出的扩大头面积较大。药包中心最好并联放置两个雷管，以保证顺利引爆。药包用绳吊下安放于孔底正中，如孔中有水，可加压重物以免浮起，药包放正后上面，填盖150～200mm厚的沙子，保证药包不受混凝土冲破。随着从桩孔中灌入一定量的混凝土后，即进行扩大头的引爆。

四、静力压桩施工工艺

静力压桩是指在软土地基上，利用静力压桩机或液压压桩机用无振动的静压力（自重和配重）将预制桩压入土中的一种沉桩新工艺，在我国沿海软土地基上较为广泛采用。“在实际开展桩基础技术进行施工的之前，地基土层上的打桩工作是不可避免的。”[①]与锤击沉桩相比，它具有施工无噪声、无振动、节约材料、降低成本、提高施工质量、沉桩速度快等特点。特别适宜于扩建工程和城市内桩基工程施工。其工作原理是：通过安置在压桩机上的卷扬机的牵引，由钢丝绳、滑轮及压梁，将整个桩机的自重力（800～1500kN）反压在桩顶上，以克服桩身下沉时与土的摩擦力，迫使预制桩下沉。

① 唐博. 建筑地基处理以及结构设计探讨[J]. 居舍，2021（04）：98.

（一）压桩机械设备

压桩机有两种类型：①机械静力压桩机，由压桩架（桩架与底盘）、传动设备（卷扬机、滑轮组、钢丝绳）、平衡设备（铁块）、量测装置（测力计、油压表）及辅助设备（起重设备、送桩）等组成；②液压静力压桩机，由液压吊装机构、液压夹持、压桩机构（千斤顶）、行走及回转机构、液压及配电系统、配重铁等部分组成，具有体积轻巧、使用方便等特点。

（二）压桩工艺方法

静力压桩的施工程序为：测量定位—桩机就位—吊桩插桩—桩身对中调直—静压沉桩—接桩—再静压沉桩—终止压桩—切割桩头。

施工要点主要如下：

（1）压桩应连续进行，因故停歇时间不宜过长，否则压桩力将大幅度增长而导致桩压不下去或桩机被抬起。

（2）压桩的终压控制很重要。一般对纯摩擦桩，终压时以设计桩长为控制条件；对长度大于21m的端承摩擦型静压桩，应以设计桩长控制为主、终压力值作对照；对一些设计承载力较高的桩基，终压力值宜尽量接近压桩机满载值；对长14～21m的静压桩，应以终压力达满载值为终压控制条件；对桩周土质较差且设计承载力较高的，宜复压1～2次；对长度小于14m的桩，宜连续多次复压；特别对长度小于8m的短桩，连续复压的次数应适当增加。

（3）单桩竖向承载力，可通过桩的终止压力值大致判断。如果判断的终止压力值不能满足设计要求，应立即采取送桩加深处理或补桩，以保证桩基的施工质量。

五、桩基础工程

（一）桩基的作用与类型

1.桩基的作用

桩基一般由设置于土中的桩和承接上部结构的承台组成。桩的作用在于将上部建筑物的荷载传递到深处承载力较大的土层上；或使软弱土层挤压，以提高土壤的承载力和密实度，减少地基沉降，从而保证建筑物的稳定性。

根据承台与地面的相对位置不同，一般有低承台与高承台桩基之分。前者的承台底面位于地面以下，而后者则高出地面以上。一般来说，采用高承台主要是为了减少水下施工作业和节省基础材料，常用于桥梁和港口工程中。而低承台桩基承受荷载的条件比高承台好，特别在水平荷载作用下，承台周围的土体可以发挥一定的作用。在一般房屋和构筑物中，大多都使用低承台桩基。

2.桩基的类型

（1）按承载性质分为：

1）摩擦型桩。摩擦型桩分为：①摩擦桩，是指在极限承载力状态下，桩顶荷载由桩侧阻力承受，桩端阻力小到可以忽略不计的桩；②端承摩擦桩，是指在极限承载力状态下，柱顶荷载主要由桩侧阻力承受的桩。

2）端承型桩。端承型桩可分为：①端承桩，是指在极限承载力状态下，桩顶荷载由桩端阻力承受，桩侧阻力小到可以忽略不计的桩；②摩擦端承桩，是指在极限承载力状态下，桩顶荷载主要由桩端阻力承受的桩。

（2）按桩的使用功能分为：竖向抗压桩、竖向抗拔桩、水平受荷载桩、复合受荷载桩。

（3）按桩身材料分为：混凝土桩、钢桩、组合材料桩。

（4）按成桩方法分为：非挤土桩（如干作业法桩、泥浆护壁法桩、套筒护壁法桩）、部分挤土桩（如部分挤土灌注桩、预钻孔打入式预制桩等）、挤土桩（如挤土灌注桩、挤土预制桩等）。

（5）按桩制作工艺分为：预制桩和现场灌注桩。现在使用较多的是现场灌注桩。

（二）桩基的检测

成桩的质量检验有两种基本方法：一种是静载试验法（或称为破损试验）；另一种是动测法（或称为无破损试验）。

1.静载试验法

（1）试验目的。静载试验的目的，是采用接近于桩的实际工作条件，通过静载加压确定单桩的极限承载力，作为设计依据；或对工程桩的承载力进行抽样检验和评价。

（2）试验方法。静载试验是根据模拟实际荷载情况，通过静载加压，得出一系列关系曲线，综合评价确定其容许承载力的一种试验方法。它能较好地反映单桩的实际承载力。荷载试验有多种，通常采用的是单桩竖向抗压静载试验、单桩竖向抗拔静载试验和单桩水平静载试验。

（3）试验要求。预制桩在桩身强度达到设计要求的前提下，对于砂类土，不应少于10d；对于粉土和黏性土，不应少于15d；对于淤泥或淤泥质土，不应少于25d，待桩身与土体的结合基本趋于稳定，才能进行试验。

就地灌注桩和爆扩桩应在桩身混凝土强度达到设计等级的前提下，对砂类土不少于10*d*、对一般黏性土不少于20*d*、对淤泥或淤泥质土不少于30*d*，才能进行试验。

对于地基基础设计等级为甲级或地质条件复杂、成桩质量可靠性低的灌注桩，应采用静载荷试验的方法进行检验，检验桩数不应少于总数的1%，且不应少于3根，当总桩数少于50根时，不应少于两根；对其桩身质量进行检验时，抽检数量不应少于总数的30%，且不应少于20根；其他桩基工程的抽检数量不应少于总数的20%，且不应少于10根；对混凝土预制桩及地下水位以上且终孔后经过核验的灌注桩，检验数量不应少于总桩数的10%，且不得少于10根。

2.动测法

（1）特点。动测法，又称为动力无损检测法，是检测桩基承载力及桩身质量的一项新技术，作为静载试验的补充。动测法的试验仪器轻便灵活，检测快速，单桩试验时间仅为静载试验的1/50左右，可大大缩短试验时间；数量多，不破坏桩基，相对也较准确，可进行普查，费用低，可节省静载试验锚桩、堆载、设备运输、吊装焊接等大量人力、物力。

（2）试验方法。动测法是对桩土体系进行适当的简化处理，建立起数学–力学模型，借助于现代电子技术与量测设备采集桩–土体系在给定的动荷载作用下所产生的振动参数，结合实际桩土条件进行计算，将所得结果与相应的静载试验结果进行对比，在积累一定数量的动静试验对比结果的基础上，找出两者之间的某种相关关系，并以此作为标准来确定桩基承载力。单桩承载力的动测方法种类较多，代表性的方法有动力参数法、锤击贯入法、水电效应法、共振法、机械阻抗法、波动方程法等。

在桩基动态无损检测中，国内外广泛使用的方法是应力波反射法，又称为低（小）应变法。其原理是根据一维杆件弹性反射理论（波动理论），采用锤击振动力法检测桩体的完整性，即以波在不同阻抗和不同约束条件下的传播特性来判别桩身质量。

（三）桩基验收

1.桩基验收规定

当桩顶设计标高与施工场地标高相同时，或桩基施工结束后有可能对桩位进行检查时，桩基工程的验收应在施工结束后进行。

桩顶设计标高低于施工场地标高，当送桩后无法对桩位进行检查时，对打入桩可在每根桩顶沉至场地标高时进行中间验收。待全部桩施工结束，且承台或底板开挖到设计标高后，再做最终验收；对灌注桩，可对护筒位置做中间验收。

2.桩基验收资料

（1）工程地质勘察报告、桩基施工图、图纸会审纪要、设计变更及材料代用通知单等。

（2）经审定的施工组织设计、施工方案及执行中的变更情况。

（3）桩位测量放线图，包括工程桩位复核签证单。

（4）制作桩的材料试验记录、成桩质量检查报告。

（5）单桩承载力检测报告。

（6）基坑挖至设计标高的基桩竣工平面图及桩顶标高图。

（四）桩基工程的安全技术措施

（1）机具进场应该注意危桥、陡坡、陷地及防止碰撞电杆、房屋等，以免造成事故。

（2）施工前应全面检查机械，发现问题要及时解决，严禁带病作业。

（3）在打桩过程中，遇有地坪隆起或下陷时，应随时对机架及路轨调整垫平。

（4）悬挂振动桩锤的起重机，其吊钩上必须有防松脱的保护装置。振动桩锤悬挂钢架的耳环上应加装保险钢丝绳。

（5）钻孔灌注桩在已钻成的孔尚未浇筑混凝土前，必须用盖板封严；钢管桩打桩后必须及时加盖临时桩帽；预制混凝土桩送桩入土后的桩孔必须及时用沙子或其他材料填灌，避免发生人身事故。

（6）当冲抓锥或冲孔锤操作时，不准任何人进入落锤区施工范围内，以防砸伤。

（7）当成孔钻机操作时，注意钻机安放平稳，以防止钻架突然倾倒或钻具突然下落而发生事故。

（8）在压桩时，非工作人员应离机10m以外。起重机的起重臂下，严禁站人。

（9）夯锤下落后，在吊钩尚未降至夯锤吊环附近前，操作人员不得提前下坑挂钩。从坊中提锤时，严禁挂钩人员站在锤上随锤提升。

第二节　建筑砌筑工程与安全技术

砌体可以分为砖砌体，主要有墙和柱；砌块砌体，多用于定型设计的民用房屋及业厂房的墙体；石材砌体，多用于带形基础、土墙及某些墙体结构；配筋砌体，为在砌体水平灰缝中配置钢筋网片或在砌体外部的预留槽沟内设置竖向粗钢筋的组合砌体。

砌筑工程是指普通砖、石和各类砌块的砌筑。砌筑工程是一个综合的施工过程，包括材料的准备、运输、脚手架的搭设和砌体砌筑等。

一、建筑砌筑工程

（一）砌筑工程的工具

1.砌筑脚手架工程

在建筑施工中，脚手架占有特别重要的地位。选择与使用得合适与否，不仅直接影响施工作业的安全和顺利进行，而且关系到工程质量、施工工程和企业经济效益的提高，是建筑施工技术措施中重要的环节之一。

脚手架是砌筑过程中堆放材料和工人进行操作的临时设施。按脚手架的搭设位置分为外脚手架和内脚手架两大类；按脚手架所用材料分为木脚手架、竹脚手架和金属脚手架；按脚手架结构形式分为多立杆式、碗扣式、门式、附着式升降脚手架和悬吊脚手架等。

对脚手架的基本要求是：宽度应满足工人操作、材料堆放和运输的要求，结构简单，坚固稳定，拆装方便，能多次周转使用。

（1）脚手架的类型

1）外脚手架。外脚手架的结构形是指搭设在外墙外面的脚手架。其主要结构形式有钢管扣件式、碗扣式、门式、方塔式、附着式升降式和悬吊式脚手架等。在建筑施工中要大力推广碗扣式脚手架和门式脚手架。

第一，钢管扣件式多立杆脚手架。早期的多立杆脚手架主要是采用竹、木杆件搭设而成，后来逐渐采用钢管和特制的扣件来搭设。这种多立杆脚手架有扣件式和碗扣式两种。

钢管扣件式多立杆脚手架由标准钢管杆件（立杆、横杆、斜撑）通过特制扣件组成的脚手架框架与脚手板、防护构件、连墙件等组成。它既可用作外脚手架，也可用作内部的满堂脚手架，是目前常用的一种脚手架。钢管扣件式多立杆脚手架目前应用最广泛，装拆方便、搭设高度大，能适应建筑物平、立面的变化。

扣件用于钢管之间的连接，基本形式有3种：对接扣件用于两根钢管相对连接；旋转扣件用于两根钢管呈任意角交叉连接；直角扣件用于两根钢管呈垂直交叉连接。

钢管扣件式多立杆脚手架的搭设。其搭设顺序为：纵向扫地杆—立杆—横向扫地杆—第一步纵向水平杆—第一步横向水平杆—连墙件（或加抛撑）—第二步纵向水平杆—第二步横向水平杆……

其搭设要求包括：①地基平整坚实，设置底座和垫板，并有可靠的排水措施，防止积水浸泡地基；②立杆中大横杆步距和小横杆间距可按推荐数值选用，最下一层步距可放大到1.8m，以便于底层施工人员的通行和运输；③在杆件搭设时应注意立杆垂直，竖立第一节立杆时，每6跨应暂设一根抛撑（垂直于大横杆，一端支承在地面上），直至固定件架设好后方可根据情况拆除；④剪刀撑设置在脚手架两端的双跨内和中间每隔30m净距的双跨内，仅在架子外侧与地面呈45° 布置。在搭设时将一根斜杆扣在小横杆的伸出部分，同时随着墙体的砌筑，设置连墙杆与墙锚拉，扣件要拧紧。

钢管扣件式脚手架的拆除。脚手架的拆除顺序应逐层由上而下进行，严禁上下同时作业；所有连墙件应随脚手架逐层拆除，严禁先将连墙件整层或数层拆除后再拆脚手架；分段拆除高差不应大于2步，如高差大于2步，应增设连墙件加固。

当脚手架拆至下部最后一根长钢管的高度（约6.5m）时，应先在适当位置搭临时抛撑加固，后拆连墙件；当脚手架采取分段、分立面拆除时，对不拆除的脚手架两端，应先设置连墙件和横向支撑加固；卸下的材料应集中，严禁抛扔。

第二，碗扣式钢管脚手架。碗扣式钢管脚手架也称多功能碗扣型脚手架，是我国参考国外经验自行研制的一种多功能脚手架。这种脚手架的核心部件是碗扣接头，由上碗扣、下碗扣、横杆接头和上碗扣的限位销等组成。

碗扣接头适合搭设扇形表面及高层建筑施工和装修作业用外脚手架，还可做模板支撑。主构件分为立杆、顶杆、横杆、底座、辅助构件（小横杆、脚手板、斜道板、挡脚板、挑梁、架梯、连接销、直角销、连接撑、立杆托撑、立杆斜撑、横托撑、安全网、垫座、转角座、可调座、提升滑轮、悬挑架、爬升挑架）。

碗扣式钢管脚手架的设计杆配件按其用途可分为主构件和专用构件。主构件用以作为脚手架主体的杆部件有5种：立杆、顶杆、横杆、斜杆、底座。

第三，门式钢管脚手架。门式钢管脚手架由门式框架、剪刀撑和水平梁架或脚手架构成基本单元。门式钢管脚手架的主要部件之间的连接形式有制动片式和偏重片式。门式钢管脚手架之间的连接是采用方便可靠的自锚结构，常用形式为制动片式；偏重片用于门架与剪刀撑的连接。

2）里脚手架。里脚手架常用于楼层上砌砖、内粉刷等工程施工。由于使用过程中不断转移施工地点，装拆较频繁，故其结构形式和尺寸应力求轻便灵活和拆装方便。里脚手架的形式很多，按其构造分为折叠式里脚手架和支柱式里脚手架等。

第一，折叠式里脚手架。折叠式里脚手架为一种用角钢制成的脚手架，其架设间距为砌墙时不超过2m、粉刷时不超过2.5m，搭设两步，第一步为1 m，第二步为1.6m，也可以用钢管或钢筋做成类似的折叠式脚手架。

第二，支柱式里脚手架。支柱式里脚手架一般都用钢材制作，由支柱等组成。支柱所用的主要材料有钢管、角钢、钢筋等。

3）其他脚手架。第一，木、竹脚手架。由于各种先进金属脚手架的迅速推广，使传统木、竹脚手架的应用有所减少，但在我国南方地区和广大乡镇地区仍时常采用木、竹脚手架。木、竹脚手架是由木杆和竹竿用铅丝、惊绳和竹篾绑扎而成的。木杆常用剥皮杉杆，当缺乏杉杆时，也可采用其他坚韧质轻的木料。竹竿应用生长3年以上的毛竹。

第二，悬挑式脚手架，悬挑式脚手架是利用建筑结构边缘悬挑结构支撑外脚手架。其必须有足够的强度、稳定和刚度，并能将脚手架的荷载全部或部分传递给建筑物。架体可以用扣件式钢管脚手架、碗扣式钢管脚手架和门式脚手架等搭设。一般为双排脚手架，架体高度可依据施工要求、结构承载力和塔吊的提升力（当采取塔吊分段整体提升时）确定，最高可搭设12步架，约20m高，可同时进行2～3层作业。

第三，吊式脚手架。吊式脚手架的基本组成有吊架或吊篮、支撑设置、吊索及升降机。

吊架或吊篮的形式通常有桁架式工作台、框架钢管吊架、小型吊篮和组合吊篮。

吊式脚手架的悬吊结构应根据工程结构情况和脚手架的用途而定。普遍采用的是在屋顶上设置挑梁或挑架；在用于高大厂房内部施工时，可悬吊在屋架（其抵抗力矩可保证大于倾覆力矩的3倍，如果用电动机升降车时，其抵抗力矩可保证大于倾覆力矩的4倍）或大梁之下；也可专设构架来悬吊。

吊式脚手架升降时要注意的事项包括：①具有足够的提升力，保证吊篮或吊架平稳地升降；②要有可靠的保险措施，确保作业安全；③提升设备要易于操作；④提升设备要便于拆装和运输。

第四，爬升式脚手架。爬升式脚手架也称附着式脚手架，是依靠附着在建筑物上的专用升降设备来实现升降的施工脚手架。其优点是不但可以附墙爬升，而且可以节约大量脚手架材料和人工费用。

爬升式脚手架的分类多种多样，按支撑形式分为悬挑式、吊拉式、导轨式和导座式等；按附着升降动力类型可分为电动、手扳葫芦和液压等方式；按升降方式可分为单片式、分段式和整体式；按控制方法可分为人工控制和自动控制；按爬升方式可分为套管式、挑梁式、互爬式和导轨式。

2.垂直运输设备

垂直运输设备是指担负垂直输送材料和施工人员上下的机械设备和设施。在砌筑施工过程中，各种材料（砖、砂浆）、工具（脚手架、脚手板）及各层楼板安装时，垂直运输量较大，都需要用垂直运输设备来完成。目前，砌筑工程中常用的垂直运输设备有塔式起重机、井字架、龙门架、独杆提升机、建筑施工电梯等。

（1）垂直运输设备的种类。

1）塔式起重机。塔式起重机具有提升、回转、水平运输等功能，不仅是重要的吊装设备，而且也是重要的垂直运输设备，尤其在吊运长、大、重的物料时有明显的优势，故在可能的条件下宜优先选用。

2）井字架、龙门架。在南直运输过程中，井字架的特点是稳定性好，运输量大，可以搭设较高的高度，是施工中最常用、最简便的垂直运输设备。

除用型钢或钢管加工的定型井架外，还有用脚手架材料搭设而成的井架。井架多为单孔片架，但也可构成两孔或多孔井架。

龙门架由两立柱和天轮梁（横梁）构成。立柱由若干个格构柱用螺栓拼装而成，而格构柱足用角钢及钢管焊接而成或直接用厚壁钢管构成门架。龙门架设有滑轮、导轨、吊盘、安全装置，以及起重索、缆风绳等。

3）建筑施工电梯。目前，在高层建筑施工中常采用人货两用的建筑施工电梯，其吊笼装在井架外侧，沿齿条式轨道升降，附着在外墙或其他建筑物结构上，可载重货物1.0～1.2t，亦可容纳12～15人。该施工电梯特别适用于高层建筑，也可用于高大建筑、多层厂房和一般楼房施工中的垂直运输。

（2）垂直运输设备的设置要求。垂直运输设备的设置一般应根据现场施工条件满足以下一些基本要求：

1）覆盖面和供应面。塔吊的覆盖面是指以塔吊的起重幅度为半径的圆形吊运覆盖面积。垂直运输设备的供应面是指借助于水平运输手段（手推车等）所能达到的供应范围。建筑工程的全部供应面应处于垂直运输设备的覆盖面和供应面的范围之内。

2）供应能力。塔吊的供应能力等于吊次乘以吊量，其他垂直运输设备的供应能力等于运次乘以运量，运次应取垂直运输设备和与其配合的水平运输机具中的低值。另外，还需乘以0.5～0.75的折减系数，以考虑由于难以避免的因素对供应能力的影响（如机械设备故障等）。垂直运输设备的供应能力应能满足高峰工作量的需求。

3）提升高度。设备的提升高度能力应比实际需要的升运高度高，其高出程度不少于3m，以确保作业安全。

4）水平运输手段。在考虑垂直运输设备时，必须同时考虑与其配合的水平运输手段。

5）装设条件。垂直运输设备装设的位置应具有相适应的装设条件，如具有可靠的基础、结构拉结和水平运输通道条件等。

6）设备效能的发挥。必须同时考虑满足施工需要和充分发挥设备效能的问题。当各施工阶段的垂直运输相差悬殊时，应分阶段设置和调整垂直运输设备，及时拆除已不需要的设备。

7）设备拥有的条件和利用问题。充分利用现有设备，必要时添置或加工新的设备。在添置或加工新的设备时应考虑今后利用的前景。

8）安全保障。安全保障是使用垂直运输设备的首要问题，必须引起高度重视。所有垂直运输设备都要严格按有关规定操作使用。

（二）砌体施工准备工作

1.砌筑砂浆

（1）砂浆的类型。砌筑砂浆有水泥砂浆、石灰砂浆和混合砂浆。水泥砂浆和混合砂浆可用于砌筑潮湿环境及强度要求较高的砌体，但对于湿土中的基础一般采用水泥砂浆。石灰砂浆宜用于砌筑干燥环境及强度要求不高的砌体，不宜用于潮湿环境的砌体及基础。

（2）砂浆强度。砂浆强度等级以标准养护龄期为28d的试块抗压强度为准。

（3）砂浆搅拌。砂浆应尽量采用机械搅拌，自投料完算起，搅拌时间应符合相应规定：水泥砂浆和水泥混合砂浆不得少于2min；粉煤灰砂浆和掺用外加剂的砂浆不得少于3min；掺用微沫剂的砂浆应为3～5min。

（4）砂浆使用时间限制。砂浆应随拌随用，水泥砂浆和水泥混合砂浆应分别在3h和4h内使用完毕。对掺有缓凝剂的砂浆，其使用时间可根据具体情况延长。如砂浆出现泌水现象应在砌筑前再次拌和。

（5）砂浆材料的验收。砌筑砂浆使用的水泥品种及标号，应根据砌体部位和所处环境进行选择。不过期，不混用，进场使用前应分批对其强度、安定性进行复验；应用过筛洁净的中砂；采用熟化过的熟石灰，严禁用脱水硬化的石灰膏；砌筑用水应洁净；外加剂应经过检验和试配。

2.砌筑用砖

砌筑用砖有烧结普通砖、煤渣砖、烧结多孔砖、烧结空心砖、灰砂砖等。

（1）砖的检查。砖的品种、强度等级必须符合设计要求；有出厂合格证；使用前砖要送到实验室进行强度试验。

（2）浇水湿润。为避免干砖吸收砂浆中大量的水分而影响黏结力，使砂浆流动性降低、砌筑困难，影响砂浆的黏结力和强度，砖应提前1～2d浇水湿润，并应除去砖面上的粉末。烧结普通砖含水率宜为10%～15%，灰砂砖、粉煤灰砖含水率宜为5%～8%。浇水过多会导致砌体走样或滑动。在检验时可将砖砍断，一般以水浸入砖四边（颜色较深）10～15mm为宜。

（三）石材砌体工程

天然石材具有抗压强度高、耐久性和耐磨性好、生产成本低等优点，常用于建筑物的基础、墙、勒脚、台阶、坡道、水池、花池、柱、拱、过梁，以及挡土墙等。

1.毛石砌体

毛石砌体应采用铺浆法砌筑。砌筑要求可概括为：①平。毛石砌体宜分皮卧砌。②稳。单块石料的安砌要求自身稳定。③满。砂浆必须饱满，叠砌面的黏灰面积应大于80%；砌体的灰缝厚度宜为20～30mm，石块间不得有相互接触的现象。毛石块之间的较大空隙应先填塞砂浆，然后再嵌实碎石块。④错。毛石应上下错缝、内外搭砌。不得采用外面侧立毛石中间填心的砌筑方法；中间不得有铲口石（尖石倾斜向外的石块）、斧刃石（尖石向下的石块）和过桥石（仅在两端搭砌的石块）。

（1）毛石基础。毛石基础第一皮石块应坐浆，并将石块的大面向下。同时，毛石基础的转角处、交接处应用较大的平毛石砌筑。

毛石基础的断面形式有阶梯形和梯形，若做成阶梯形，上级阶梯的石块应至少压住下级阶梯的1/2。相邻阶梯的毛石应相互错缝搭接。

（2）毛石墙。砌筑毛石墙体的第一皮及转角处、交接处和洞口，应采用较大的平毛石。每个楼层的最上一皮，宜选用较大的毛石砌筑。毛石墙必须设置拉结石。每日砌筑高度不宜超过1.2m；转角处和交接处应同时砌筑。

2.料石砌体

料石砌体应采用铺浆法砌筑，水平灰缝合竖向灰缝的砂浆饱满度应大于80%。料石砌体的砂浆铺设厚度应略高于规定的灰缝厚度，其高出厚度：细料石宜为3～5mm；粗料石、毛料石宜为6～8mm。砌体的灰缝厚度：细料石砌体不宜大于5mm；粗料石、毛料石砌体不宜大于20mm。

（1）料石基础。第一皮料石应坐浆丁砌，以上各层料石可按一顺一丁进行砌筑。阶梯形料石基础，上级阶梯料石至少压砌下级阶梯料石的1/3。

（2）料石墙。当料石墙体厚度等于一块料石宽度时，可采用全顺砌筑形式；当料石墙体等于两块料石宽度时，可采用两顺一丁或丁顺组砌的形式。

在料石和毛石或砖的组合墙中，料石砌体、毛石砌体、砖砌体应同时砌筑，并每隔2～3皮料石层用“丁砌层”与毛石砌体或砖砌体拉结砌合。“丁砌层”的长度宜与组合墙厚度相同。

（3）料石平拱。平拱所用石料要加工成楔形，斜度按具体情况而定，拱两边石块在拱脚处坡度以60° 为宜。平拱厚度与墙身相等，高度为墙身二皮料石块高。平拱的石块数应为单数。

砌平拱前应支设模板。拱脚处斜面应经过修整，使其与拱的石块相吻合砌筑时，应从两边对称地向中间砌，正中一块要挤紧。

（4）料石做过梁。用料石做过梁，当无设计要求时，其厚度应为200～450mm，过梁宽度与墙厚相同。

3.石砌体质量

石砌体质量分为合格和不合格两个等级。石砌体质量合格应符合以下规定。

（1）主控项目应全部符合规定。

1）石材及砂浆强度等级必须符合设计要求。

抽检数量：同一产地的石材至少应抽检一组。砂浆试块抽检数量：每一检验批且不超过250m^{3}砌体的各种类型及强度等级的砌筑砂浆，每台搅拌机应至少抽检一次。

检验方法：料石检查产品质量证明书，石材、砂浆检查试块试验报告。

2）砂浆饱满度不应小于80%。

抽检数量：每步架抽查不应少于1处。

检验方法：观察检查。

（2）一般项目应有80%及以上的抽检处符合规定，或者偏差值在允许偏差范围内。

抽检数量：外墙按楼层（或4m高以内）每20m抽查1处，每处3延长米，但不应少于3处；内墙按有代表性的自然间抽查10%，但不应少于3间，每间不应少于2处，柱子不少于5根。

（3）石砌体组砌形式应符合以下规定。

1）内外搭砌，上下错缝，拉结石、丁砌石交错设置。

2）毛石墙拉结石每0.7m^{2}墙面不应少于1块。

检查数量：外墙按楼层（或4m高以内）每20m抽查1处，每处3延长米，但不应少于3处；内墙按有代表性的自然间抽查10%，但不应少于3间。

检验方法：观察检查。

（三）砖砌筑工程

1.砖基础的砌筑

砖基础砌筑在垫层之上，一般砌筑在混凝土砖基础的下部为大放脚、上部为基础墙，大放脚的宽度为半砖长的整数倍。混凝土热层厚度一般为100mm，宽度每边比大放脚最下层宽100mm。

砖基础的水平灰缝厚度和垂直灰缝宽度宜为10mm。水平灰缝的砂浆饱满度不得小于规定的养护时间，再进行回填土方。在回填时，位或倾覆于80%。

当砖基础的基底标高不相同时，应从低处开始砌筑，并应由低处向高处搭砌，当设计无要求时，搭砌长度不应小于砖基础大放脚的高度。

砖基础的转角处和交接处应同时砌筑，当不能同时砌筑时，应留置斜茬（踏步茬）。

2.砖墙砌筑

砖墙根据其厚度不同，可采用全顺（120mm）、两平一侧（180mm或300mm）、全丁、一顺一丁、梅花丁或三顺一丁的砌筑形式。

（1）全顺。各皮砖均顺砌，上、下皮垂直灰缝相互错开半砖长（120mm），适合砌半砖厚（115mm）墙。

（2）两平一侧。两皮顺（或丁）砖与一皮侧砖相间，上、下皮垂直灰缝相互错开1/4砖长（60mm）以上，适合砌3/4砖厚（180mm或300mm）墙。

（3）全丁。各皮砖均采用丁砌，上、下皮垂直灰缝相互错开1/4砖长，适合砌一砖厚（240mm）墙。

（4）一顺一丁。一皮顺砖与一皮丁砖相间，上、下皮垂直灰缝相互错开1/4砖长，适合砌一砖及一砖以上厚墙。

（5）梅花丁。同皮中顺砖与丁砖相间，丁砖的上下均为顺砖，并位于顺砖中间，上、下皮垂直灰缝相互错开1/4砖长，适合砌一砖厚墙。

（6）三顺一丁。三皮顺砖与一皮丁砖相间，顺砖与顺砖上、下皮垂直灰缝相互错开1/2砖长；顺砖与丁砖上、下皮垂直灰缝相互错开1/4砖长。适合砌一砖及一砖以上厚墙。

一砖厚承重墙每层墙的最上一皮砖、砖墙的阶台水平面上及挑出层应采用整砖丁砌。

砖墙的转角处和交接处，根据错缝需要应该加砌配砖。

3.砌筑工艺

（1）抄平。

1）首层墙体砌筑前的抄平。在基层表面墙4个大角位置及每隔10m抹一灰饼，灰饼表面标高与设计标高一致。再按这些标高用M7.5防水砂浆或掺有防水剂的C10细石混凝土找平，此层既是防潮层也是找平层。

2）楼层墙体砌筑前的抄平。砌筑楼层墙体前应检测外墙四角表面标高与设计标高的误差，根据误差来调整后续墙体的灰缝厚度。当墙体砌筑到1.5m左右，及时用水准仪对内墙进行抄平，并在墙体侧面，距楼、地面设计标高500mm位置上弹一四周封闭的水平墨线。

（2）弹线。

1）底层放线。根据龙门板上给定的轴线及图纸上标注的墙体尺寸，在基础顶面上用墨线弹出墙的轴线和墙的宽度线，并定出门窗洞口的位置线。

2）楼层放线。用经纬仪或垂球将底层控制轴线引测到各层墙表面，用钢尺校核后在墙表面弹出轴线和墙边线。最后，按设计图纸弹出门窗洞口的位置线。

（3）摆砖（铺底、撂底）。摆砖是指在放线的基面上按选定的组砌方式用干砖试摆。摆砖的目的是核对所放的墨线在门窗洞口、附墙垛等处是否符合砖的模数，以尽可能减少砍砖。要求山墙摆成丁砖、横墙摆成顺砖。

（4）立皮数杆。皮数杆能控制砌体的竖向尺寸并保证砌体垂直度，皮数杆立于房屋的四大角、墙的转角、内外墙交接处、楼梯间及墙面变化较多的部位。每隔10～15m立一根，用水准仪校正标高；如墙很长，可每隔10～20m再立一根。

（5）砌大角（头角、墙角）、挂线。

4.砖砌体的施工质量

烧结普通砖砌体的施工质量只有合格一个等级。烧结普通砖砌体质量合格，主控项目应全部符合规定；一般项目应有80%及以上的抽检处符合规定，且偏差值最大在允许偏差值的150%以内。达不到这些规定，则施工质量为不合格。

（四）砌块砌筑

用砌块代替烧结普通砖作墙体材料，是墙体改革的一个重要途径。近年来，中小型砌块在我国得到了广泛的应用。常用的砌块有混凝土小型空心砌块、加气混凝土砌块、粉煤灰砌块。

1.混凝土小型空心砌块

（1）普通混凝土小型空心砌块。普通混凝土小型空心砌块以水泥、砂、碎石或卵石、水等预制而成。

（2）轻骨料混凝土小型空心砌块。轻骨料混凝土小型空心砌块以水泥、轻骨料、砂、水等预制而成。

（3）一般构造要求。混凝土小型空心砌块砌体所用的材料，除满足强度计算要求外，还应符合的要求包括：①对室内地面以下的砌体，应采用普通混凝土小砌块和不低于M5的水泥砂浆；②5层及5层以上民用建筑的底层墙体，应采用不低于MU5的混凝土小砌块和M5的砌筑砂浆；③在底层室内地面以下或防潮层以下的砌体，需要应用C20混凝土灌实砌块的孔洞。

2.加气混凝土砌块

加气混凝土砌块是以水泥、矿渣、砂、石灰等为主要原料，加入发气剂，经搅拌成型、蒸压养护形成的实心砌块。

（1）加气混凝土砌块砌体构造。加气混凝土砌块可砌成单层墙或双层墙。单层墙是将加气混凝土砌块立砌，墙厚为砌块的宽度。双层墙是将加气混凝土砌块立砌两层，中间夹以空气层，两层砌块间每隔500mm墙高在水平灰缝中放置ф4～ф6的钢筋扒钉，扒钉间距为600mm，空气层厚度70～80mm。

加气混凝土砌块外墙的窗口下一皮砌块下的水平灰缝中应设置拉结钢筋，钢筋伸过窗口侧边应不小于500mm。

2）加气混凝土砌块砌体施工。加气混凝土砌块砌筑前，应根据建筑物的平面、立面图绘制砌块排列图。在墙体转角处设置皮数杆，皮数杆上画出砌块皮数及砌块高度，并在相对砌块上边线间拉准线，依准线砌筑。在加气混凝土砌块的砌筑面上应适量洒水。砌筑加气混凝土砌块宜采用专用工具（铺灰铲、锯、钻、镂、平直架等）。

3.粉煤灰砌块

方法可采用“铺灰灌浆法”。先在墙顶上摊铺砂浆，然后将砌块按砌筑位置摆放到砂浆层上，并与前一块砌块靠拢，留出不大于20mm的空隙。待砌完一皮砌块后，在空隙两旁装上夹板或塞上泡沫塑料条，在砌块的灌浆槽内灌砂浆，直至灌满。等到砂浆开始硬化不流淌时，即可卸掉夹板或取出泡沫塑料条。

粉煤灰砌块上、下皮的垂直灰缝应相互错开，错开长度应不小于砌块长度的1/3。

粉煤灰砌块墙的灰缝应横平竖直，砂浆饱满。水平灰缝的砂浆饱满度不应小于90%；竖向灰缝的砂浆饱满度不应小于10%。水平灰缝的厚度不得大于15mm；竖向灰缝的宽度不得大于20mm。

粉煤灰砌块墙的转角处，应使纵横墙砌块相互搭砌，隔皮砌块露端面，露端面应锯平灌浆槽。粉煤灰砌块墙的T字交接处应使横墙砌块隔皮露断面，并坐中于纵墙砌块，露断面应锯平灌浆槽。

（五）框架填充墙施工与质量要求

1.轻质砌块填充墙施工

框架填充墙施工是先结构、后填充，在施工时不得改变框架结构的传力路线。填充墙的施工除应满足一般砖砌体和各类砌块的相应技术、质量、工艺标准外，主要应注意以下几个方面的问题：

（1）与结构的连接问题。与结构的连接分为墙顶部和两端头与结构件的连接。

1）墙两端与结构件的连接。砌体与混凝土柱或剪力墙的连接，一般采用构件上预埋铁件加焊拉结钢筋或植墙拉筋的方法。预埋铁件一般采用厚4mm以上，宽略小于墙厚，高60mm的钢板做成。在混凝土构件施工时，按设计要求的位置，准确固定在构件中，砌墙时按确定好的砌体水平灰缝高度位置准确焊好拉结钢筋。此种方法的缺点是在混凝土浇筑施工时，铁件移位或遗漏给下步施工带来麻烦，如遇到设计变更则需重新处理。为了施工方便，目前许多工程采用植筋的方式，效果较好。

2）墙顶与结构件底部的连接。为保证墙体的整体稳定性，填充墙顶部应采取相应的措施与结构挤紧。通常采用在墙顶加小木楔，砌筑“滚砖”（实心砖）或在梁底做预埋铁件等方式与填充墙连接。无论采用哪种连接方式，都应分两次完成一片墙体的施工，其中时间间隔为5～7d。这是为了让砌体砂浆有一个完成压缩变形的时间，保证墙顶与结构件连接的效果。

3）施工注意事项。填充墙施工最好从顶层向下层砌筑，防止因结构变形量向下传递而造成早期下层先砌筑的墙体产生裂缝。特别是空心砌块，此裂缝的发生往往是在工程主体完成3～5个月后，通过墙面抹灰在跨中产生竖向裂缝得以暴露。从而因为质量问题的滞后性给后期处理带来困难。

如果工期太紧，填充墙施工必须由底层逐步向顶层进行时，则墙顶的连接处理需待全部砌体完成后，从上层向下层施工，此目的是给每一层结构一个完成变形的时间和空间。

（2）防潮、防水问题。空心砌块用于外墙面涉及防水问题，在雨季墙的迎风迎雨面，在风雨作用下易产生渗漏现象，主要发生在灰缝处。因此，在砌筑中应注意灰缝饱满密实，其竖缝应灌砂浆插捣密实。外墙面的装饰层采取适当的防水措施，如在抹灰层中加3%～5%的防水粉，面砖勾缝或表面刷防水剂等，确保外墙的防水效果。目前，市场上有多种防水砂浆材料，其工艺特点是靠砂浆材料自身在养护条件下产生较好的防水效果，以满足外墙防水要求，特别是对高孔隙率的墙体材料。

在用于室内隔墙时，砌体下应用实心混凝土块或实心砖砌180mm高的底座，也可采用混凝土现浇。

（3）单片面积较大的填充墙施工问题。大空间的框架结构填充墙应在墙体中根据墙体长度、高度需要设置构造柱和水平现浇混凝土带，以提高砌体的稳定性。当大面积的墙体有转角时，可以在转角处设芯柱。施工中注意预埋构造柱钢筋的位置应正确。

由于不同的块料填充墙做法各异，因此，要求也不尽相同。在实际施工时，应参照相应设计要求及施工质量验收规范，以及各地颁布实施的标准图集、施工工艺标准等。

2.加气混凝土小型砌块填充墙施工

加气混凝土小型砌块填充墙施工要点如下：

（1）砌筑前一天应在预砌墙与原结构相接处洒水湿润以确保砌体黏结。

（2）砌筑前应弹好墙身位置线及门口位置线，在楼板上弹上墙体主边线。

（3）将砌筑墙部位的楼地面，剔除高出底面的凝结灰浆，并清扫干净。

（4）砌体灰缝应保持横平竖直，竖向灰缝和水平灰缝均应铺填饱满的砂浆。竖向垂直灰缝首先在砌筑的砌块端头铺满砂浆，然后将上墙的砌块挤压至要求的尺寸。灰浆饱满度：水平灰缝的黏结面不得小于90%，竖向灰缝的黏结面不得小于60%，严禁用水冲浆浇灌灰缝，也不得用石子垫灰缝。水平灰缝及竖向灰缝的厚度和宽度应控制在80～120mm。

（5）在砌筑时，铺浆长度以一块砌块长度为宜，铺浆要均匀，厚薄适当，浆面平整，铺浆后立即放置砌块，一次摆正找平，严禁采用水冲缝灌浆的方法使竖向灰缝砂浆饱满。

（6）纵横墙应整体咬茬砌筑，外墙转角处和纵墙交接处应严格控制分批、咬茬、交错搭砌。临时间断应留置在门窗洞口处，或者砌成阶梯形斜茬，斜茬长度小于高度的2/3。如留斜茬有困难时，也可留直茬，但必须设置拉结网片或采取其他措施，以保证有效连接。在接茬时，应先清理基面，浇水湿润，然后铺浆接砌，并做到灰缝饱满。因施工需要留置的临时洞口处，每隔50cm应设置2ϕ6拉筋，拉筋两端分别伸入先砌筑墙体及后堵洞砌体各700mm。

（7）凡有穿过墙体的管道，严格防止渗水、漏水。

（8）砌体与混凝土墙相接处，必须按照设计要求留置拉结筋或网片，且必须设置在砂浆中。设于框架结构中的砌体填充墙，沿墙高每隔60cm应与柱预留的钢筋网片拉结，伸入墙内不小于700mm。在铺砌时将拉结筋埋直、铺平。

（9）墙顶与楼板或梁底应按设计要求进行拉结，每60cm预留1ϕ8拉结筋伸入墙内240mm，用C15素混凝土填塞密实。

（10）在门窗洞口两侧，将预制好埋有木砖或铁件的砌块，按洞口高度在2m以内每边砌筑3块，洞口高度大于2m时砌4块。混凝土砌块四周的砂浆要饱满密实。

（11）作为框架的填充墙，砌至最后一皮砖时，每砌完一层后，应校核检验墙体的轴线尺寸和标高，允许偏差可在楼面上予以纠正。砌筑一定固积的砌体以后，应随即用厚灰浆进行勾缝。一般情况下，每天砌筑高度不宜大于1.8m。

（12）砌好的砌体不能撬动、碰撞、松动，否则应重新砌筑。

3.填充墙质量要求

填充墙的质量要求是不得改变框架结构的传力路线，准确设置拉结钢筋，满足抗震要求。砌体灰缝应横平竖直，全部灰缝均应铺填砂浆。

砂浆的强度等级应符合设计要求，砌筑砂浆必须搅拌均匀，随拌随用，并应在其技术性能规定的时间内（一般不大于2.5h）使用完毕，也可采用掺外加剂等措施延长使用时间，其掺量应经试验确定。砂浆稠度宜为80～90mm，分层度不大于10mm，水泥混合砂浆拌和物的密度不应小于1800kg/m^3。砂浆的黏结性能一般以沿块体竖向抹灰后拿起转动360°不掉砂浆为准。

二、砌体工程安全技术

在砌体工程中，全面的安全防护措施是工程顺利竣工的保障，应该引起广大施工技术人员的重视。在实际工程中，应做好以下安全防护措施。

（1）在操作之前必须检查操作环境是否符合安全要求，道路是否畅通，机具是否完好牢固，安全设施和防护用品是否齐全，经检查符合要求后方可施工。

（2）在砌基础时，应经常检查和注意基坑土质的变化情况，有无崩裂现象。堆放砌筑材料应离开坑边1m以上。当深基坑装设挡土板或支撑时，操作人员应设梯子上下，不得攀跳，不得使运料碰撞支撑，也不得踩踏砌体和支撑上下。

（3）脚手架上的堆料量不得超过规定荷载，堆砖高度不得超过3皮侧砖，同一块脚手板上的操作人员不应超过2人。

（4）在楼层（特别是预制板面）施工时，堆放机具、砖块等物品不得超过使用荷载。如需超过使用荷载时，必须经过验算采取有效加固措施后，方可进行堆放及施工。

（5）不准站在墙顶上做画线、刮缝及清扫墙面或检查大角垂直等工作。

（6）不准用不稳固的工具或物体垫高脚手板面操作，更不准在未经过加固的情况下，在一层脚手架上随意再叠加一层。

（7）在砍砖时应面向内打，防止碎砖跳出伤人。

（8）用于垂直运输的吊笼、滑车、绳索、刹车等，必须满足负荷要求，牢固无损；在吊运时不得超载，并需经常检查，发现问题及时修理。

（9）用起重机吊砖要用砖笼；吊砂浆的料斗不能装得过满。吊杆回转范围内不得有人停留，当吊件落到架子上时，砌筑人员要暂停操作，并避开一边。

（10）已砌好的山墙，应临时用联系杆（如擦条等）放置各跨出墙上，使其联系稳定，或者采取其他有效的加固措施。

（11）在冬期施工时，脚手板上如有冰霜、积雪，应先清除后才能上架进行操作。

（12）如遇雨天及每天下班时，要做好防雨措施，以防雨水冲走砂浆，致使砌体倒塌。

（13）在同一垂直面内上下交叉作业时，必须设置安全隔板，下方操作人员必须佩戴安全帽。

（14）人工垂直往上或往下（深坑）转递砖石时，要搭递砖架子，架子的站人板宽度应不小于60mm。

（15）在用锤打石时，应先检查铁锤有无破裂，锤柄是否牢同。打锤要按照石纹走向落锤，锤口要平，落锤要准，同时要看清附近情况有无危险，然后落锤，以免伤人。

（16）不准在墙顶或架上修改石材，以免震动墙体影响质量或石片掉下伤人。

（17）不准徒手移动上墙的料石，以免压破或擦伤手指。

（18）不准勉强在“超过”“以上”二者删其一的墙体上进行砌筑，以免将墙体碰撞倒塌或上石时失手掉下造成安全事故。

（19）石块不得往下掷。在运石上下时，脚手板要钉装牢间，并钉防滑条及扶手栏杆。

（20）已经就位的砌块，必须立即进行竖缝灌浆；对稳定性较差的窗间墙、独立柱和挑出墙面较多的部位，应加临时稳定支撑，以保证其稳定性。

在台风季节，应及时进行圈梁施工，加盖楼板，或者采取其他稳定措施。

（21）在砌块砌体上，不宜拉锚缆风绳，不宜吊挂重物，也不宜作为其他施工临时设施、支撑的支承点，如果确实需要时，应采取有效的构造措施。

（22）大风、大雨、冰冻等异常天气之后，应检查砌体是否有垂直度的变化、是否产生了裂缝、是否有不均匀下沉等现象。

第三节 建筑结构安装工程施工

结构安装工程就是用起重机械将在现场（或预制厂）制作的钢构件或混凝土构件，按照设计图纸的要求，安装成一幢建筑物或构筑物。用这种施工方法完成的结构，称为装配式结构。装配式结构施工中，结构安装工程是主要工序，它直接影响着整个工程的施工进度、劳动生产率、工程质量、施工安全和工程成本。

一、建筑结构安装工具与设施

（一）索具设备

1.吊具

吊具主要包括吊索、卡环和横吊梁等，是构件吊装的重要工具。

（1）吊索。吊索也称千斤绳，根据形式不同可分为环状吊索、万能吊索和开口吊索。

做吊索用的钢丝绳要求质地软、易弯曲，直径大于11mm，一般用6×37+1、6×61+1做成。

（2）吊钩。吊钩有单钩和双钩两种。在吊装时一般用单钩，双钩多用于桥式或塔式起重机上。在使用时，要认真进行检查，表面应光滑，不得有剥裂、刻痕、锐角、裂缝等缺陷。吊钩不得直接钩在构件的吊环中。

（3）卡环（卸甲）。卡环用于吊索之间或吊索与构件吊环之间的连接。由弯环与销子两部分组成：弯环形式有直形和孳荠形；吊钩销子的形式有螺栓式和活络式。活络卡环的销子端头和弯环孔眼无螺纹，可以直接抽出，多用于吊装柱子，可以避免高空作业。

（4）横吊梁（铁扁担）。为了承受吊索对构件的轴向压力和减少起吊高度，可采用横吊梁。吊栏子用钢板横吊梁；吊屋架用钢管横吊梁。

（5）滑轮组。滑轮组由一定数量的定滑轮和动滑轮及绕过它们的绳索组成。它既能省力，又可以改变力的方向。

滑轮组中，共同负担构件质量的绳索根数称为工作线数，也就是在动滑轮上穿绕的绳索根数。滑轮组起重省力的多少，主要取决于工作线数和滑动轴承的摩阻力大小。滑轮锭可分为绳索跑头从定滑轮上引出和从动滑轮上引出两种。

2.地锚

地锚又称为锚碇，用来固定缆风绳、卷扬机、导向滑车、拔杆的平衡绳索等。常用的地锚有桩式地锚和水平地锚。

（1）桩式地锚。桩式地锚是将圆木打入土中承担拉力，多用于固定受力不大的缆风绳。根据受力大小，可打成单排、双排或三排。桩前一般埋有水平圆木，以加强锚固。这种地锚承载力为10～50kN。

（2）水平地锚。水平地锚是用一根或几根圆木绑扎在一起，水平埋入土内而成。水平地锚一般埋入地下1.5～3.5m，为防止地锚被拔出，当拉力大于75kN时，应在地锚上加压板；当拉力大于150kN时，还要在锚碇前加立柱及垫板（板栅），以加强土坑侧壁的耐压力。

3.钢丝绳

钢丝绳是吊装工作中常用的绳索，具有强度高、韧性好、耐磨性好等优点。钢丝绳磨损后表面产生毛刺，容易检查发现，便于预防事故的发生。

（1）钢丝绳是由直径相同的光面钢丝捻成钢丝股，再由6股钢丝股和一股绳芯搓捻而成。

（2）按钢丝和钢丝股搓捻方向的不同，钢丝绳可分为顺捻绳和反捻绳。

1）顺捻绳：每股钢丝的搓捻方向与钢丝股的搓捻方向相同。其柔性好、表面平整、不易磨损，但易松散和扭结卷曲；在吊重物时，易使重物旋转，一般用于拖拉或牵引装置。

2）反捻绳：每股钢丝的搓捻方向与钢丝股的搓捻方向相反。钢丝绳较硬，不易松散，吊重物不扭结旋转，多用于吊装工作。

4.卷扬机

建筑施工中常用的电动卷扬机有快速、中速和慢速3种。慢速卷扬机主要用于吊装结构、冷拉钢筋和张拉预应力筋；快速卷扬机主要用于垂直运输和水平运输以及打桩作业。

卷扬机在使用时必须用地锚固定，以防在作业时产生滑动或倾覆。固定卷扬机的方法有螺栓锚固法、横木锚固法、立桩锚固法和压重物锚固法4种。

（二）起重机械

1.塔式起重机

塔式起重机的起重臂安装在塔身上部，具有较大的起重高度和工作幅度，工作速度快，生产效率高，广泛用于多层和高层的工业与民用建筑施工中。

常用塔式起重机型号及性能如下：

（1）轨道式起重机。轨道式塔式起重机是可在轨道上行走的起重机械，其工作范围大，适用于工业与民用建筑的结构吊装或材料仓库装卸工作。

（2）爬升式塔式起重机。爬升式塔式起重机主要安装在建筑物内部框架或电梯间结构上，每隔1～2层楼爬升一次。其特点是机身体积小，安装简单，适用于现场狭窄的高层建筑结构安装。

爬升式塔式起重机由底座、塔身、塔顶、行走式起重臂、平衡臂等部分组成。

（3）附着式塔式起重机。附着式塔式起重机是固定在建筑物近旁钢筋混凝土基础上的起重机，它随建筑物的升高，利用液压自升系统逐步将塔顶顶升，塔身接高。为了减少塔身的计算长度，应每隔20m左右将塔身与建筑物用锚固装置联结起来。

2.桅杆式起重机

桅杆式起重机可分为独脚拔杆起重机、人字拔杆起重机、悬臂拔杆起重机和牵缆式桅杆起重机等。这种机械的特点是制作简单，装拆方便，起重量可达100t以上，但起重半径小，移动较困难，需要设置较多的缆风绳。它适用于安装工程量集中、结构质量大、安装高度大以及施工现场狭窄的情况。

（1）独脚拔杆。独脚拔杆由拔杆、起重滑轮组、卷扬机、缆风绳和地锚等组成。根据制作材料的不同，独脚拔杆可分为木独脚拔杆、钢管独脚拔杆和金属格构式拔杆等。

独脚拔杆在使用时应保持一定的倾角（不宜大于10°），以便在吊装时构件不致碰撞拔杆。拔杆的稳定主要依靠缆风绳，缆风绳一般为6～12根，根据起重量、起重高度、绳索强度确定，但不能少于4根。缆风绳与地面夹角一般为30°～45°，角度过大则对拔杆会产生过大压力。

（2）人字拔杆。人字拔杆由两根圆木或钢管或格构式构件，用钢丝绳绑扎或铁件铰接成“人”字形。拔杆的顶部夹角以30° 为宜。拔杆的前倾角，每高1m不得超过10cm。两杆下端要用钢丝绳或钢杆拉住。人字拔杆的特点是起重量大，稳定性比独脚拔杆好，同时所需的缆风绳数量少。缆风绳的数量，根据起重量和起吊高度决定。

（3）悬臂拔杆。在独脚拔杆的中部2/3高处，装上一根起重杆，即成悬臂拔杆。悬臂起重杆可以顺转和起伏，因此，有较大的起重高度和相应的起重半径。悬臂起重杆能左右摆动120° ~270° ，但起重量较小，多用于轻型构件安装。

（4）牵缆式桅杆起重机。牵缆式桅杆起重机是在独脚拔杆的根部装一根可以回转和起伏的吊杆而成。这种起重机的起重臂不仅可以起伏，而且整个机身可作360° 全回转，因此，工作范围大，机动灵活。由钢管做成的牵缆式起重机起重量在10t左右，起重高度达25m；由格构式结构组成的牵缆式起重机起重量达60t，起重高度可达80m。但这种起重机使用缆风绳较多，移动不便，用于构件多且集中的结构安装工程或固定的起重作业（如高炉安装）。

3.自行式起重机

自行式起重机主要有履带式起重机、汽车式起重机和轮胎式起重机等。

（1）履带式起重机。履带式起重机主要由动力装置、传动机构、行走机构（履带）、工作机构（起重杆、滑轮组、卷扬机）以及平衡重等组成。它是一种360° 全回转的起重机，操作灵活，行走方便，能负载行驶。缺点是：稳定性较差；在行走时对路面破坏较大，行走速度慢；在城市中和长距离转移时，需用拖车进行运输。目前，它是结构吊装工程中常用的机械之一。

履带式起重机的稳定性验算。起重机的稳定性是指起重机在自重和外荷载作用下抵抗倾覆的能力。履带式起重机超载吊装或者接长吊杆时，需要进行稳定性验算，以保证起重机在吊装中不会发生倾倒事故。

（2）汽车式起重机。汽车式起重机是将起重机构安装在普通载重汽车或专用汽车底盘上的一种自行式回转起重机。它具有行驶速度快、能迅速转移，对路面破坏性很小等优点。缺点是在吊重物时必须支腿，因而不能负荷行驶。

（3）轮胎式起重机。轮胎式起重机是将起重机构安装在加重型轮胎和轮轴组成的特制底盘上的全回转起重机。在吊装时一般用4个支腿支撑以保证机身的稳定性，在平坦的路面可不用支腿进行小起重量作业及低速行驶。相比汽车式起重机稳定性好、车身短、转弯半径小，可在360° 范围内作业，但行驶时对路面要求较高，行驶速度慢，不宜在泥泞的路面作业。

二、结构安装工程质量安全措施

（一）单、多层钢筋混凝土结构

（1）当混凝土强度达到设计强度75%以上时，预应力构件孔道灌浆的强度达到15MPa以上时，方可进行构件吊装。

（2）安装构件前，应对构件进行弹线和编号，并对结构及预制件进行平面位置、标高、垂直度等校正工作。

（3）构件在吊装就位后，应进行临时固定，保证构件的稳定。

（4）构件的安装力求准确，保证构件的偏差在允许范围内。

（二）单层钢结构

（1）在钢结构基础施工时，应注意保证基础顶面标高及地脚螺栓位置的准确，其偏差值应在允许偏差范围内。

（2）钢结构安装应按施工组织设计进行，安装程序必须保持结构的稳定性且不导致永久性变形。

（3）钢结构安装前，应按构件明细表核对进场的构件，查验产品合格证和设计文件；工厂预拼装过的构件在现场拼装时，应根据预拼装记录进行。

（4）钢结构安装偏差的检测，应在结构形成空间刚度单元并连接固定后进行，其偏差在允许偏差范围内。

（三）结构安装工程的安全措施

1.机械的安全使用要求

（1）吊装所用的钢丝绳，事先必须认真检查，当表面磨损或腐蚀达钢丝绳直径10%时，不准使用。

（2）在起重机负重开行时，应缓慢行驶，且构件离地不得超过500mm。起重机在接近满荷时，不得同时进行两种操作动作。

（3）起重机在工作时，严禁碰触高压电线。起重臂、钢丝绳、重物等与架空电线要保持一定的安全距离。

（4）当发现吊钩、卡环出现变形或裂纹时，不得再使用。

（5）在起吊构件时，吊钩的升降要平稳，避免紧急制动和冲击。

（6）对新到、修复或改装的起重机在使用前必须进行检查、试吊，进行静、动负荷试验。在试验时，所吊重物为最大起重量的125%，且离地面1m，悬空10min。

（7）当起重机停止工作时，起动装置要关闭上锁。吊钩必须升高，防止摆动伤人，且不得悬挂物件。

2.操作人员的工作安全要求

（1）从事安装的工作人员要进行体格检查，对心脏病或高血压患者，不得进行高空作业。

（2）当操作人员进入现场时，必须戴安全帽、手套，在高空作业时还要系好安全带。所带的工具要用绳子扎牢或放入工具包内。

（3）在高空进行电焊焊接，要系安全带，戴防护罩；潮湿地点作业，要穿绝缘胶鞋。

（4）在进行结构安装时，要统一用哨声、红绿旗、手势等指挥，所有作业人员均应熟悉各种信号。

3.施工现场安全设施

（1）吊装现场的周围应设置临时栏杆，禁止非工作人员入内。地面操作人员应尽量避免在高空作业面的正下方停留或通过，也不得在起重机的起重臂或正在吊装的构件下停留或通过。

（2）配备悬挂或斜靠的轻便爬梯，供人上下。

（3）如需在悬空的屋架上弦行走时，应在其上设置安全栏杆。

（4）在雨期或冬期里，必须采取防滑措施，如扫除构件上的冰雪、在屋架上捆绑麻袋、在屋面板上铺垫草袋等。

第三章　建筑混凝土施工工艺及安全技术

混凝土施工技术作为建筑施工建设中的关键技术之一，会对建筑整体施工质量形成直接影响，因此，必须规范建筑混凝土施工技术的应用，制订科学的施工方案，确保混凝土的施工质量。本章论述混凝土的制备搅拌与运输、混凝土的浇筑与养护、混凝土质量控制与施工安全技术。

第一节　混凝土的制备搅拌与运输

一、混凝土的制备

混凝土工程施工包括混凝土制备、运输、浇筑、养护等，各施工过程既紧密联系又相互影响，任何一个施工过程处理不当都会影响混凝土的最终质量。因此，要求混凝土构件不仅应有正确的外形，而且要获得良好的强度、密实度和整体性。

（一）混凝土的和易性

混凝土的和易性及强度是衡量混凝土质量的两个主要指标。

和易性是指混凝土在搅拌、运输、浇筑等过程中保持成分均匀、不分层离析，成型后混凝土密实均匀的性能。它包括流动性、黏聚性和保水性三个方面的性能。和易性好的混凝土，易搅拌均匀，运输和浇筑时不易发生离析泌水现象；捣实时流动性大，易于捣实；成型后混凝土内部质地均匀密实，有利于保证混凝土的强度与耐久性。和易性不好的混凝土，施工操作困难，质量难以保证。

1.混凝土和易性的指标及测定

根据对和易性的需求不同，混凝土有塑性混凝土和干硬性混凝土之分。塑性混凝土的和易性一般用坍落度测定，干硬性混凝土则用工作度试验确定。

坍落度主要反映混凝土在自重作用下的流动性，以目测和经验评定其黏聚性和保冰性，采用坍落度筒测定。坍落度筒提起后无稀浆或只有少量稀浆自底部析出，则此混凝土保水性良好。用振捣棒在已坍落的锥体一侧轻轻敲打，若锥体慢慢下沉，则表示其黏聚性良好；若锥体突然倒塌、部分崩裂或发生离析现象，则表示其黏聚性不好。

坍落度筒提起后有较多的稀浆从底部析出，锥体部分的混凝土也因失浆而骨料外露，则此混凝土保水性差。

2.混凝土和易性的影响因素

（1）水泥的影响。水泥颗粒越细，混凝土的黏聚性和保水性越好，如硅酸盐水泥的和易性比火山灰水泥、矿渣水泥好。在水灰比相同的情况下，水泥用量越大，则和易性越好。

（2）用水量的影响。在混凝土拌和物中，骨料本身是没有流动性的，混凝土拌和物的流动性来自水泥浆。在保持水泥用量不变的情况下，减少拌和用水量，则水泥浆变稠，流动性变小，混凝土的黏聚性也变差，混凝土难以成型密实。反之，若加水过多，则水灰比过大，会导致水泥浆过稀，产生严重的分层离析和泌水现象，并严重影响混凝土的强度和耐久性。

（3）砂率的影响。砂率是指混凝土中砂的质量占砂、石总质量的百分率。若砂率过大，水泥浆被表面积比较大的砂粒所吸附，则流动性减小；砂率过小，砂的体积不足以填满石子间的空隙，石子间没有足够的砂浆润滑层，会使混凝土拌和物的流动性、黏聚性和保水性变差，甚至发生混凝土骨料离析、崩散现象。

（4）骨料性质的影响。用卵石和河砂拌制的混凝土拌和物，其流动性比碎石和河砂拌制的好，用级配好的骨料拌制的混凝土拌和物的和易性比较好。

（5）外加剂的影响。混凝土拌和物掺入减水剂或引气剂，流动性会明显提高。引气剂还可有效改善混凝土拌和物的黏聚性和保水性，也对硬化混凝土的强度与耐久性十分有利。

（二）混凝土的强度

混凝土以立方体抗压强度作为控制和评定其质量的主要指标。混凝土立方体抗压强度是指边长为150mm的立方体试件在标准条件下（温度20±3℃、相对湿度＞90%）养护28d后，按标准试验方法测得的强度，并据此来划分混凝土强度等级。

影响混凝土强度的有以下因素：

（1）水泥强度。在相同条件下，所用水泥强度等级越高，混凝土的强度也就越高；反之，强度越低。

（2）水灰比。混凝土在硬化过程中，与水泥起水化作用的水只占水泥质量的15%~20%，其余的水是为了满足混凝土流动性的需要。水泥石在水化过程中的孔隙率取决于水灰比。如果水灰比大，则水泥浆中多余的水在混凝土中呈游离状态，硬化时会形成许多小孔，降低混凝土的密实度，从而降低混凝土强度。混凝土混合料能被充分捣实时，混凝土的强度随水灰比的降低而提高。

（3）混凝土的振捣。浇筑混凝土时，充分捣实才能得到密实度大、强度高的混凝土。对于干硬性混凝土，可利用强力振捣、加压振捣等提高混凝土强度。塑性混凝土则不宜利用振捣条件提高混凝土强度，过振会使混凝土产生离析泌水现象，强度降低。

（4）粗骨料的尺寸与级配。水泥用量和稠度一定时，较大的骨料粒径其表面积小，所需拌合水较少，较大骨料趋于形成微裂缝的弱过渡区，含较大骨料粒径混凝土拌和物比含较小粒径的强度小。

粗骨料级配良好比没有采用连续级配的混凝土强度高。

碎石表面比卵石表面粗糙，它与水泥砂浆的黏结性比卵石强。水灰比相等或配合比相同时，碎石配制的混凝土强度比卵石高。

（5）混凝土的养护。混凝土强度与养护温度、湿度有关。湿度合适时，为4～40℃，温度越高，水泥水化作用越快，其强度发展也越快；反之，则越慢。温度低于0℃时，混凝土强度停止发展，甚至因冻胀而破坏。混凝土浇筑后在一定时间内必须保持足够的湿度。否则，混凝土会因失水而干燥，而且因水化作用未能充分完成，会造成混凝土内部结构疏松，表面出现干缩裂缝。养护湿度是混凝土强度正常增长的必要条件。

（6）混凝土的龄期。混凝土的强度随着龄期的增长而逐渐提高，在正常养护条件下，混凝土在最初的7～14d内发展较快，以后逐渐趋缓，28d会达到设计强度等级，此后强度增长过程可延续数十年。

（三）混凝土的施工配料

施工配料是按现场使用搅拌机的装料容量进行搅拌一次（盘）的装料数量计算的，它是保证混凝土质量的重要环节之一。

（1）原材料计量。混凝土配制前要严格控制混凝土配合比，严格对每盘混凝土的原材料过秤计量。每盘称量允许偏差：水泥及掺和料为±2%，砂石为±3%，水及外加剂为±2%。衡器应定期核验，雨天应增加砂石含水率的检测次数。

（2）施工配合比的换算。混凝土的配合比是在实验室根据初始计算的配合比经过试配和调整确定，称为实验室配合比。确定实验室配合比所用的砂、石都是干燥的，而施工现场使用的砂、石都具有一定的含水率，且含水率大小随季节、气候不断变化。如果不考虑现场砂、石含水率，还按实验室配合比投料，将改变实际砂、石的用量和用水量，会导致各种原材料用量的实际比例不符合原配合比的要求。

为保证混凝土工程质量，施工时要按砂、石实际含水率对原配合比进行修正，称为施工配合比。施工配料是确定每拌一次需用的各种原材料量，根据施工配合比和搅拌机的出料容量计算。

（3）施工配料。施工中往往以一袋或两袋水泥为下料单位，每搅拌一次称为一盘。因此，求出每立方米混凝土的材料用量后，还必须根据工地现有搅拌机出料容量确定每次需用几袋水泥，然后按水泥用量算出砂、石子的每盘用量。

（4）配料机配料。配料机是一种与混凝土搅拌机配套使用的自动配料设备，可根据设计的混凝土配合比自动完成砂、石等物料的配制，具有称量准确、配料精度高、速度快、控制功能强、操作简便等优点。

（5）泵送混凝土的配合比要求。泵送混凝土的水泥用量不宜小于300kg/m^3，水灰比不宜大于0.6，掺用引气型减水剂时，混凝土含气量不宜大于4%。水泥不宜采用火山灰水泥，砂宜采用中砂，砂率宜控制在35%～45%。

粗骨料的最大粒径与输送管径之比：泵送高度在50m以下时，碎石不大于1∶3，卵石不大于1∶2.5；泵送高度在50～100m时，碎石不大于1∶4，卵石不大于1∶3；泵送高度在100m以上时，碎石不大于1∶5，卵石不大于1∶4，以免堵管。

混凝土入泵时的坍落度应符合要求，一般不小于80mm。

二、混凝土的搅拌

混凝土搅拌是指将水、水泥和粗细骨料进行均匀拌和及混合的过程。同时，通过搅拌还要使材料达到强化、塑化的作用。

（一）混凝土搅拌机械的选择

混凝土的制备方法，除零星分散且用于非重要部位的可采用人工拌制外，其他均应采用机械搅拌。按搅拌原理不同，混凝土搅拌机分为自落式搅拌机和强制式搅拌机。

（1）自落式搅拌机。“自落式搅拌机搅拌筒内壁装有叶片，搅拌筒旋转，叶片将物料提升一定的高度后自由下落，各物料颗粒分散拌和，拌和成均匀的混合物。”[①]自落式搅拌机多用于搅拌塑性混凝土和低流动性混凝土。自落式搅拌机搅拌力量小、动力消耗大、效率低，逐渐被强制式搅拌机所取代。

（2）强制式搅拌机。强制式搅拌机有立轴和卧轴两种，卧轴式有单轴、双轴之分，而立轴式又分为涡桨式和行星式。强制式搅拌机搅拌时，混凝土拌和料搅拌作用强烈，适宜搅拌干硬性混凝土和轻骨料混凝土，具有搅拌质量好、速度快、生产效率高、操作简便安全的优点，但机件磨损较严重。

---

①刘思远，欧长贵，李文，等.建筑施工技术[M].西安：西安电子科技大学出版社，2016：127.

立轴式强制搅拌机不宜用于搅拌流动性大的混凝土，而卧轴式搅拌机具有适用范围广、搅拌时间短、搅拌质量好等优点，是大力推广的机型。

（3）大型混凝土搅拌站。混凝土的现场拌制已属于限制技术，在规模大、工期长的工程中设置半永久性的大型搅拌站是发展方向。将混凝土集中在有自动计量装置的混凝土搅拌站集中拌制，用混凝土运输车向施工现场供应商品混凝土，有利于实现建筑工业化、提高混凝土质量、节约原材料和能源、减少现场和城市环境污染、提高劳动生产率。

（4）选择搅拌机的注意事项。选择搅拌机时，要根据工程量的大小、混凝土的坍落度、骨料尺寸等确定，既要满足技术要求，又要考虑经济效益和能源的节约，施工现场常用搅拌机的规格（容量）为250～1000L。

（二）混凝土搅拌制度的确定

为了获得质量优良的混凝土拌和物，除正确选择混凝土搅拌机外，还必须正确制定混凝土搅拌制度，即装料容量、搅拌时间和投料顺序等。

（1）搅拌机的装料容量。搅拌机容量有几何容量、进料容量和出料容量三种。几何容量是指搅拌筒内的几何容积；进料容量是指搅拌前搅拌筒可容纳的各种原材料的累计体积；出料容量是每次从搅拌筒内可卸出的最大混凝土体积。为保证混凝土得到充分的拌和，装料容量通常是搅拌机几何容量的1/3～1/2，出料容量为装料容量的0.55～0.72（称为出料系数）。

（2）搅拌时间。搅拌时间是指从原材料全部投入搅拌筒起，到混凝土拌和物开始卸出为止所经历的时间，它与搅拌质量的好坏密切相关。搅拌时间过短，混凝土拌和不均匀，强度及和易性将下降；搅拌时间过长，不但降低搅拌的生产效率，而且会使不坚硬的粗骨料在大容量搅拌机中因脱角、破碎等影响混凝土的质量，同时会降低混凝土的和易性或产生分层离析现象，加气混凝土还会因搅拌时间过长而使含气量下降。

（3）投料顺序。投料顺序应根据提高搅拌质量，减少叶片、衬板的磨损，减少拌和物与搅拌筒的黏结，减少水泥飞扬，改善工作环境，提高混凝土强度及节约水泥等方面综合考虑确定。常用的有一次投料法、二次投料法和水泥裹砂法等。

1）一次投料法。一次投料法是在料斗中先装石子，再加水泥和砂，将水泥夹于砂与石子之间，一次投入搅拌机。

2）二次投料法。二次投料法分两次加水、两次搅拌。搅拌时先将全部的石子、砂和70%的拌合水倒入搅拌机，先拌和15s使骨料湿润，再倒入全部水泥搅拌30s左右，最后加入剩余30%的拌合水进行糊化搅拌60s左右完成。与普通搅拌工艺相比，二次投料法可使混凝土强度提高10%～20%，或节约水泥5%～10%。

3）水泥裹砂法。水泥裹砂法又称SEC法，先加适量的水使砂表面湿润，再加石子与湿砂拌匀，然后将全部水泥投入与砂、石共同拌和，使水泥在砂、石表面形成一层低水灰比的水泥浆壳，最后将剩余的水和外加剂加入，搅拌成混凝土。SEC法制备的混凝土与一次投料法相比，强度可提高20%～30%，混凝土不易产生离析和泌水现象，工作性好。

类似的投料方法还有净浆法、净浆裹石法、裹砂法、先拌砂浆法等。

（三）混凝土搅拌的注意事项

（1）混凝土配合比必须在搅拌站旁挂牌公示，接受监督和检查。

（2）严格控制施工配合比，砂、石必须严格过磅；严格控制水灰比和坍落度，未经试验人员同意不得随意加减用水量。

（3）掺用外加剂时，外加剂应与水泥同时进入搅拌机，搅拌时间相应延长50%～100%；外加剂为粉状时，应先用水稀释，然后与水一同加入。

（4）混凝土搅拌前，搅拌机应加适量的水运转，使搅拌筒表面润湿，然后将多余水排干。搅拌第一盘混凝土前，考虑到筒壁上黏附砂浆的损失，只加规定石子质量的一半，俗称“减半石混凝土”。

（5）搅拌好的混凝土要基本卸尽，在全部混凝土卸出之前不得再投入拌和料。严禁采用边出料边进料的方法。

（6）混凝土搅拌完毕或预计停歇时间超过1h时，应将搅拌机内余料倒出，倒入石子和清水，搅拌5～10min，把黏附在料筒上的砂浆冲洗干净后全部卸出。料筒内不得有积水，以免料筒和叶片生锈。

（7）每班至少应分两次检查材料的质量及每盘的用量，以确保工程质量。

三、混凝土的运输

（一）混凝土运输的要求

（1）在不允许留施工缝的情况下，混凝土运输必须保证浇筑工作能连续进行，应按混凝土的最大浇筑量来选择混凝土的运输方法及运输设备的型号、数量。

（2）保证混凝土在初凝前浇筑完毕，以最短的时间和最少的转换次数将混凝土从搅拌地点运至浇筑地点。

（3）保证混凝土在运输过程中的均匀性，避免产生分层离析、水泥浆流失、坍落度变化以及产生初凝现象。

（二）混凝土的运输方法及工具

“混凝土运输工具的种类繁多，应根据结构物特点、混凝土灌筑量、运输距离、道路及现场条件等确定选用混凝土的运输工具。”[①]混凝土运输分为水平运输和垂直运输。混凝土运输工具应不吸水、不漏浆、方便快捷。

（1）混凝土水平运输。混凝土水平运输工具分为间歇式运输机具和连续式运输机具。间歇式运输机具有手推车、机动翻斗车、自卸汽车、搅拌运输车；连续式运输机具有皮带运输机、混凝土输送泵等。

手推车和机动翻斗车适用于运输距离短、运输工程量不大的混凝土运输；混凝土输送泵适用水平距离在1500m内、需连续进行的混凝土输送；混凝土搅拌运输车适用于建有混凝土集中搅拌站的城市内混凝土输送；自卸汽车适用于长距离的混凝土输送。

混凝土搅拌运输车是一种长距离输送混凝土的高效机械，容量一般为6～12m^3。运输途中搅拌筒以2～4r/min的转速搅动筒内混凝土拌和料，以保证混凝土在长途运输中不致离析。在远距离运输时，可将混凝土干料装入筒内，在运输途中加水搅拌。

（2）混凝土垂直运输。混凝土垂直运输机具主要有各类井架、提升机、塔吊和混凝土输送泵等。采用塔式起重机时，可考虑将混凝土搅拌机布置在塔吊工作半径内，将混凝土直接卸入吊斗内，垂直提升后直接倾入混凝土浇筑点。

（3）混凝土泵运输。混凝土泵运输又称泵送混凝土，它是利用混凝土泵的压力将混凝土通过管道输送到浇筑地点，可一次完成水平及垂直输送，是一种高效的混凝土运输和浇筑机具。泵送混凝土设备有混凝土输送泵、输送管及布料装置。

混凝土输送泵可分为拖式泵（固定式泵）和车载泵（移动式泵）。混凝土拖式输送泵适合高层建（构）筑物的混凝土水平及垂直输送。车载式混凝土输送泵转场方便快捷，占地面积小，能有效减轻施工人员的劳动强度，提高生产效率，尤其适合设备租赁企业使用。

混凝土输送管有直管、弯管、锥形管和浇筑软管等。直管、弯管、锥形管可采用钢管，浇筑软管可采用橡胶与螺旋形弹性金属管，管的连接可采用管卡。管径的选择应根据混凝土骨料的最大粒径、输送距离、输送高度及其他施工条件决定。直管直径一般为110mm、125mm、150mm；标准管长3m，也有2m、1m的配管；弯管的角度有90°、45°、30°、15°等；锥形管长度一般为1.0m，用于两种不同管径输送管的连接；软管接在管道出口处，在不移动干管的情况下，可扩大布料范围。

混凝土泵连续输送的混凝土量很大，为使输送的混凝土直接浇筑到模板内，应设置具有输送和布料功能的布料装置，称为布料杆。布料杆应根据工地的实际情况和条件选择，设置在合适位置。布料杆有固定式、内爬式、移动式、船用式、塔式等。

泵送混凝土时，应保证混凝土的供应能满足泵连续工作；输送管线宜直、转弯宜缓、

①姚锦宝.建筑施工技术[M].北京：北京交通大学出版社，2017：143.

接头要严密；泵送前先用适量的水泥砂浆润湿管道内壁，在泵送结束或预计泵送间隙时间超过45min时，应及时把残留在混凝土缸体和输送管内的混凝土清洗干净。

（三）混凝土运输的注意事项

（1）尽可能使运输线路短直，道路平坦，车辆行驶平稳，减少运输时的振捣，避免运输的时间和距离过长、转运次数过多。

（2）混凝土容器应平整光洁、不吸水、不漏浆，装料前应用水润湿；炎热气候或风雨天气时宜加盖，防止水分蒸发或进水，冬季要考虑保湿措施。

（3）运至浇筑地点的混凝土发现有离析或初凝现象时，需二次搅拌均匀后方可入模，已凝结的混凝土应报废，不得用于工程中。

（4）溜槽运输的坡度不宜大于30°，混凝土移动速度不宜大于1m/s。如果溜槽的坡度太小、混凝土移动太慢，可在溜槽底部加装小型振动器；溜槽坡度过大或用皮带运输机运输，混凝土移动速度太快时，可在末端设置串筒或挡板，以保证垂直下落和落差高度。

第二节　混凝土的浇筑与养护

一、混凝土浇筑

混凝土的浇筑与捣实是混凝土工程施工的关键工序，直接影响混凝土的质量和整体性。

（一）混凝土浇筑的准备工作

（1）检查模板的标高、位置及严密性和支架的强度、刚度、稳定性，清理模板内垃圾、泥土、积水和钢筋上的油污，高温天气模板宜浇水润湿。

（2）检查钢筋的规格、数量、位置、接头和保护层厚度是否正确。

（3）做好预留预埋管线的检查和验收，材料、机具的准备和检查。

（4）做好施工组织和技术、安全的交底工作，填写隐蔽工程记录等。

（二）混凝土浇筑的要求

混凝土浇筑前不应发生初凝和离析现象，如果已经发生，则应再进行一次强力搅拌方可入模。

混凝土浇筑时，自由倾落高度，对素混凝土或少筋混凝土，由料斗、漏斗进行浇筑时，倾落高度不超过2m；对竖向结构（柱、墙）倾落高度不超过3m；对配筋较密或不便于捣实的结构倾落高度不超过600mm。否则，应采用串筒、溜槽和振动串筒下料，以防产生离析。

浇筑竖向结构混凝土前，底部应先浇入与混凝土成分相同的50～100mm厚水泥砂架，以避免产生蜂窝、麻面及烂根现象。

混凝土浇筑时的坍落度需满足以下要求：

（1）基础或地面等的垫层、无配筋的厚大结构（挡土墙、基础或厚大的块体）或配筋稀疏的结构，坍落度在10～30mm。

（2）板、梁及大、中型截面的柱子等，坍落度在30～60mm。

（3）配筋密肋的结构（薄壁、斗仓、筒仓、细柱等），坍落度在50～70mm。

（4）配筋特密的结构，坍落度在70～90mm。

为了使混凝土振捣密实，混凝土必须分层浇筑，每层浇筑厚度与捣实方法、结构的配筋有关。

混凝土浇筑应连续进行，由于技术或施工组织上的原因必须间歇时，其间歇时间应尽可能缩短，并在下层混凝土未凝结前，将上层混凝土浇筑完毕。

混凝土在初凝后、终凝前应防止振动。混凝土抗压强度达到1.2MPa时，才允许在上面继续进行施工活动。

（三）混凝土浇筑中施工缝的留设与处理

1.混凝土浇筑中施工缝的留设

由于施工技术或施工组织的原因，不能连续将结构整体浇筑完成，预计间隙时间将超过规定时间时，应预先选定适当的部位留置施工缝。施工缝宜留在结构受剪力较小且便于施工的部位。

（1）柱子应留水平缝，宜留在基础的顶面、梁或吊车梁牛腿的下面、吊车梁的上面和无梁楼板柱帽的下面。

（2）和板连成整体的大断面梁，施工缝应留在板底以下20～30mm处；板下有梁托时，留在梁托下面。

（3）单向板的施工缝可留在平行于板的短边的任何位置。

（4）有主次梁的楼板宜顺着次梁方向浇筑，施工缝应留在次梁跨度的1/3范围内。

（5）墙体的施工缝既可留在门洞口过梁跨中1/3范围内，也可留在纵横墙的交接处。

（6）双向受力楼板、大体积混凝土结构、拱、蓄水池、多层刚架的施工缝应按设计要求留置施工缝。

2.混凝土浇筑中施工缝的处理

施工缝处继续浇筑混凝土时，应待混凝土的抗压强度不小于1.2MPa方可进行。施工缝浇筑混凝土之前，应除去施工缝表面的水泥薄膜、松动石子和软弱的混凝土，并加以充分湿润和冲洗干净，不得有积水。

浇筑时，施工缝处宜先铺水泥浆（水泥：水=1：0.4），或与混凝土成分相同的水泥砂浆，厚度为30～50mm，以保证接缝的质量。

浇筑过程中，施工缝应细致捣实，使其紧密结合。

（四）混凝土浇筑的方法

1.普通混凝土的浇筑方法

（1）台阶式柱基础混凝土的浇筑。浇筑单阶柱基时，可按台阶分层一次浇筑完毕，不允许留设施工缝，每层混凝土应一次卸足，先边角后中间，务必使混凝土充满模板。浇筑多阶柱基时，为防止垂直交角处出现吊脚（上台阶与下口混凝土脱空），可在第一级混凝土捣固下沉20～30mm时暂不填平。在继续分层浇筑第二级混凝土时，沿第二级模板底圈将混凝土做成内外坡，外圈边坡的混凝土在第二级混凝土振捣过程中自动摊平，待第二级混凝土浇筑后，将第一级混凝土齐模板顶边拍实抹平。

（2）柱子混凝土的浇筑。柱子应分段浇筑，每段高度不大于3.5m。柱子高度不超过3m，可从柱顶直接下料浇筑；超过3m时，应采用串筒或在模板侧面开孔分段下料浇筑。柱子混凝土应一次连续浇筑完毕。若柱与梁、板同时浇筑，柱浇筑后应停歇1～1.5h，待柱子混凝土初步沉实再浇筑梁板混凝土。

浇筑整排柱子时，应由两端由外向里对称顺序浇筑，以防止柱模板在横向推力下向一方倾斜。

（3）梁、板混凝土的浇筑。肋形楼板的梁、板应同时浇筑，浇筑方法应由一端开始用“赶浆法”，即先将梁根据梁高分层浇筑成阶梯形，达到板底位置时再与板的混凝土一起浇筑，随着阶梯形不断延长，梁、板混凝土浇筑连续向前推进。

（4）剪力墙混凝土的浇筑。剪力墙混凝土应分段浇筑，每段高度不大于3m。门窗洞口应两侧对称下料浇筑，以防门窗洞口位移或变形。窗口位置应注意先浇筑窗台下部，后浇筑窗间墙，以防窗台位置出现蜂窝孔洞。

2.大体积混凝土的浇筑方法

大体积混凝土浇筑后水化热量大，水化热积聚在内部不易散发，而混凝土表面又散热很快，会形成较大的内外温差，温差过大易在混凝土表面产生裂纹。在浇筑后期，混凝土内部又会因收缩产生拉应力，拉应力超过混凝土当时龄期的极限抗拉强度时，就会产生裂缝，严重时会贯穿整个混凝土。因此，浇筑大体积混凝土时，应制订浇筑方案。

大体积混凝土浇筑时，往往不允许留施工缝，要求一次连续浇筑。可根据混凝土结构大小、混凝土供应情况采用不同的浇筑方案。

第一，全面分层。在第一层浇筑完毕后，在初凝前再回头浇筑第二层，施工时从短边开始，沿长边逐层进行。适用于平面尺寸不大的混凝土结构。

第二，分段分层。混凝土从底层开始浇筑，进行2～3m后再回头浇筑第二层，依次向前浇筑以上各层。适用于厚度不大而面积或长度较大的混凝土结构。

第三，斜面分层。浇筑工作从浇筑层的下端开始，逐渐上移。要求斜坡坡度不大于1/3，适用于结构长度超过厚度3倍的情况。

大体积混凝土施工时，宜优先选用低水化热的水泥，如矿渣水泥、火山灰或粉煤灰水泥；掺缓凝剂或缓凝型减水剂，也可掺入适量粉煤灰等外掺料；采用中粗砂和大粒径、级配良好的石子，尽量减少其用水量；降低混凝土入模温度，减少浇筑层厚度，降低混凝土浇筑速度，必要时可在混凝土内部埋设冷却水管，用循环水来降低混凝土温度；加强混凝土的保湿、保温，在混凝土表面覆盖保温材料养护，以减少混凝土表面的热扩散。

（五）钢管混凝土的浇筑

钢管混凝土是指将普通混凝土填入薄壁圆形钢管内而形成的组合结构，既可借助内填混凝土增加钢管壁的稳定性，又可借助钢管对核心混凝土的约束作用，使核心混凝土处于三向受压状态，从而使核心混凝土具有更高的抗压强度和抗变形能力，常用于高层建筑施工中。

钢管混凝土具有强度高、质量轻、塑性好、耐疲劳、耐冲击等优点，它在施工方面也有一些优点：钢管本身兼做模板，可省去支模和拆模的工作；钢管兼有钢筋和箍筋的作用，且制作钢管比制作钢筋骨架省工、省时；钢管混凝土内部没有钢筋，便于混凝土的浇筑和捣实；施工不受混凝土养护时间的影响。

钢管可采用焊接钢管或无缝钢管等，直径不得小于110mm，壁厚不宜小于4mm，钢管内混凝土强度等级不宜低于C30。

施工时，混凝土自钢管上口浇筑，用振捣器振捣，若管径大于350mm，可采用附着式振捣器振捣。混凝土浇筑宜连续进行，需留施工缝时，应将管口封闭，以免杂物落入。浇筑至钢管顶端时，可使混凝土稍微溢出，再将留有排气水的层间横隔板或封顶板紧压在管端，随即进行点焊。待混凝土达到设计强度的50%时，再将层间横隔板或封顶板按设计要求进行补焊。有时，也可将混凝土浇筑至稍低于钢管端部，待混凝土达到设计强度的50%后，再用同强度等级砂浆填注管口，最后将层间横隔板或封顶板一次施焊到位。

管内混凝土的浇筑质量可用敲击钢管的方法进行初步检查，如有异常，可用超声脉冲技术检测。对不密实的部位，可用钻孔压浆法补强，然后将钻孔补焊封牢。

（六）混凝土浇筑后的密实成型

混凝土拌和物浇筑后，需经密实成型才能使混凝土制品或结构具有一定的外形和内部结构。混凝土的强度、抗渗性、抗冻性、耐久性等都与混凝土的密实成型有关。

混凝土振动密实是通过振动机械将振动能量传递给混凝土拌和物，拌和物中所有的骨料颗粒都受到强迫振动，呈现出所谓的“重质液体状态”，因而混凝土拌和物中的骨料犹如悬浮在液体中，在其自重作用下向新的稳定位置沉落，排除存在于混凝土拌和物中的气体，消除孔隙，使骨料和水泥浆在模板中得到致密的排列。

振动机械按其工作方式分为内部振动器、表面振动器、外部振动器和振动台。

（1）内部振动器。内部振动器又称插入式振动器，常用的有振捣棒。坍落度小、骨料粒径小的混凝土可采用高频振捣棒；坍落度大、骨料粒径大的混凝土可采用低频振捣棒。振捣棒振捣时，可采用垂直振捣及斜向振捣。垂直振捣容易掌握插点距离、控制插入深度（不超过振捣棒长度的1.25倍），不易出现漏振，且不易触及模板、钢筋，混凝土振捣后能自然沉实、均匀密实。斜向振捣操作省力、效率高、出浆快，易于排出空气，不会产生严重的离析现象，振动棒拔出时不会形成孔洞。

（2）外部振动器。外部振动器又称附着式振动器，它通过螺栓或夹钳等固定在模板外部，通过模板将振动传给混凝土拌和物，因而模板应有足够的刚度。它适用于振捣断面小且钢筋密的构件，如薄腹梁、箱型桥面梁及地下密封的结构。对于无法采用插入式振捣器的场合，其有效作用范围可通过实测确定。

（3）表面振动器。表面振动器又称平板振动器，它将一个带偏心块的电动振动器安装在钢板或木板上，将振动力通过平板传给混凝土。表面振动器的振动作用深度小，适用于振捣表面积大而厚度小的结构，如现浇楼板、地坪或预制板等。表面振动器底板大小的确定，应以使振动器能浮在混凝土表面上为准。

表面振动器主要有平板振动器、振动梁、混凝土整平机等。平板振动器适用于楼板、地面及薄型水平构件的振捣，振动梁和混凝土整平机常用于混凝土道路的施工。

（4）振动台。振动台是一个支承在弹性支座上的工作台。工作台框架由型钢焊成，台面为钢板。工作台下面装设振动机构，振动机构在转动时，即可带动工作平台强迫振动，使平台上的构件混凝土被振实，适用于振捣预制构件。振动时，应将模板牢固地固定在振动台上，否则模板的振幅和频率将小于振动台的振幅和频率，振幅沿模板分布也会不均匀，影响振动效果，振动时噪声也过大。

二、混凝土的养护

混凝土浇筑捣实后，逐渐凝固硬化，该过程主要由水泥的水化作用实现，而水化作用必须在适当的温度和湿度条件下才能完成。因此，为了保证混凝土有适宜的硬化条件，使其强度不断增长，必须对混凝土进行养护。

混凝土养护方法分自然养护和加热养护。

（一）混凝土的自然养护

自然养护是指在平均气温高于5℃的自然条件下，采取覆盖浇水养护或塑料薄膜保湿养护，使混凝土在一定的时间内在湿润状态下硬化。

（1）覆盖浇水养护。覆盖浇水养护是指在混凝土浇筑完毕后的3～12h内，用保水材料将混凝土覆盖并保水保持湿润。

普通水泥、硅酸盐水泥和矿渣水泥拌制的混凝土养护时间不少于7d，掺用缓凝型外加剂和抗渗混凝土的养护时间不少于14d。

气温在15℃以上时，在混凝土浇筑后的最初3d，白天至少每3h浇水一次，夜间应洒水两次，以后每昼夜浇水3次左右。高温或干燥气候下，应适当增加浇水次数。日平均气温低于5℃时，不得浇水。

（2）塑料薄膜保湿养护。塑料薄膜保湿养护是以塑料薄膜为覆盖物，使混凝土与空气隔绝，水分不再蒸发，水泥依靠混凝土中的水分完成水化作用而凝结硬化。它改善了施工条件，可以节省人工、节约用水，并能保证混凝土的养护质量。保湿养护可分为塑料布养护和喷涂塑料薄膜养生液养护。塑料布养护适用于柱的养护。

（二）混凝土的加热养护

加热养护是通过对混凝土加热来加速其强度的增长。加热养护的方法很多，常用的有蒸汽养护、热膜养护、太阳能养护等。

（1）蒸汽养护。蒸汽养护又称常压蒸养，它是先将浇筑的混凝土构件放在封闭的养护室内（如养护坑、窑等），然后通入蒸汽，使混凝土构件在较高的温、湿度条件下迅速硬化，以达到设计要求的强度。适用于预制构件厂生产的预制构件批量养护。

（2）热膜养护。热膜养护时，蒸汽不与混凝土接触，而是喷射到模板后加热模板，热量通过模板传递给混凝土。此法加气量少，加热均匀，可用于现浇框架结构柱、墙体或预制构件的养护。

（3）太阳能养护。太阳能养护是指利用太阳能养护混凝土制品，具有工艺简便、投资少、节约能源、技术经济效果好等优点，适用于中小型预制构件厂的制造和应用。

第三节　混凝土的质量控制与施工安全技术

一、混凝土质量控制

（一）混凝土的工程质量控制与检查

混凝土工程质量包括结构外观质量和内在质量。前者指结构的尺寸、位置、高程等；后者则指混凝土原材料、设计配合比、配料、拌和、运输、浇捣等方面。

1.原材料的控制检查

（1）水泥。水泥是混凝土的主要胶凝材料，水泥质量直接影响混凝土的强度及其性质的稳定性。运至工地的水泥应有生产厂家品质试验报告，工地试验室外必须进行复验，必要时还要进行化学分析。进场水泥每200～400t同厂家、同品种、同强度等级的水泥作一取样单位，如不足200t亦作为一取样单位。可采用机械连续取样，混合均匀后作为样品，其总量不少于10kg。检查的项目有水泥强度等级、凝结时间、体积安定性。必要时应增加稠度、细度、密度和水化热试验。

（2）粉煤灰。粉煤灰每天至少检查一次细度和需水量比。

（3）砂石骨料。在筛分场每班检查一次各级骨料超逊径、含泥量、砂子的细度模数；在拌和厂检查砂子、小石的含水量，砂子的细度模数以及骨料的含泥量、超逊径。

（4）外加剂。外加剂应有出厂合格证，并经试验认可。

2.混凝土拌和物控制检查

拌制混凝土时，必须严格遵守试验室签发的配料单进行称量配料，严禁擅自更改。控制检查的项目有：

（1）衡器的准确性。各种称量设备应经常检查，确保称量准确。

（2）拌和时间。每班至少抽查两次拌和时间，保证混凝土充分拌和，拌和时间符合要求。

（3）拌和物的均匀性。混凝土拌和物应均匀，经常检查其均匀性。

（4）坍落度。现场混凝土坍落度每班在机口应检查4次。

（5）取样检查。按规定在现场取混凝土试样做抗压试验，检查混凝土的强度。

3.混凝土浇捣质量控制检查

（1）混凝土运输。混凝土运输过程中应检查混凝土拌和物是否发生分离、漏浆、严重泌水及过多降低坍落度等现象。

（2）基础面、施工缝的处理及钢筋、模板、预埋件安装。开仓前应对基础面、施工缝的处理及钢筋、模板、预埋件安装做最后一次检查，应符合规范要求。

（3）混凝土浇筑。严格按规范要求控制检查接缝砂浆的铺设、混凝土入仓铺料、平仓、振捣、养护等内容。

4.混凝土外观质量和内部质量缺陷检查

混凝土外观质量主要检查表面平整度（有表面平整要求的部位）、麻面、蜂窝、空洞、露筋、碰损掉角、表面裂缝等。重要工程还要检查内部质量缺陷，如用回弹仪检查混凝土表面强度、用超声仪检查裂缝、钻孔取芯检查各项力学指标等。

（二）混凝土强度检验评定

1.基本规定

（1）混凝土的强度等级应按立方体抗压强度标准值划分。混凝土强度等级应采用符号C与立方体抗压强度标准值（以N/mm^2计）表示。

（2）立方体抗压强度标准值应为按标准方法制作和养护的边长为100mm的立方体试件，用标准试验方法在28d龄期测得的混凝土抗压强度总体分布中的一个值，强度低于该值的概率应为5%。

（3）混凝土强度应分批进行检验评定。一个检验批的混凝土应由强度等级相同、试验龄期相同、生产工艺条件和配合比基本相同的混凝土组成。

（4）对大批量、连续生产混凝土的强度应按统计方法评定；对小批量或零星生产混凝土的强度应按非统计方法评定。

2.混凝土的取样

混凝土的取样，宜根据标准规定的检验评定方法要求制订检验批的划分方案和相应的取样计划。

混凝土强度试样应在混凝土的浇筑地点随机抽取。试件的取样频率和数量应符合下列规定：

（1）每100盘，但不超过$100m^3$的同配合比混凝土，取样次数不应少于一次。

（2）每一工作班拌制的同配合比混凝土，不足100盘和$100m^3$时其取样次数不应少于一次。

（3）当一次连续浇筑的同配合比混凝土超过$1000m^3$时，每$200m^3$取样不应少于一次。

每批混凝土试样应制作的试件总组数，除满足混凝土强度评定所必需的组数外，还应留置为检验结构或构件施工阶段混凝土强度所必需的试件。

3.混凝土试件的制作与养护

每次取样应至少制作一组标准养护试件。每组3个试件应于同一盘或同一车的混凝土中取样制作。检验评定混凝土强度用的混凝土试件，其成型方法及标准养护条件应符合现行国家标准。采用蒸汽养护的构件，其试件应先随构件同条件养护，然后置入标准养护条件下继续养护，两段养护时间的总和应为设计规定龄期。

4.混凝土试件的试验

混凝土试件的立方体抗压强度试验应根据国家标准执行。每组混凝土试件强度代表值的确定，应符合下列规定：

（1）取3个试件强度的算术平均值作为每组试件的强度代表值。

（2）当一组试件中强度的最大值或最小值与中间值之差超过中间值的10%时，取中间值作为该组试件的强度代表值。

（3）当一组试件中强度的最大值和最小值与中间值之差均超过中间值的15%时，该组试件的强度不应作为评定的依据。

（三）混凝土工程质量等级评定

1.项目划分

水利水电工程质量检验与评定应进行项目划分。项目按级划分为单位工程、分部工程、单元（工序）工程三级。

一般以每座独立的建筑物为一个单位工程。当工程规模大时，可将一个建筑物中具有独立施工条件的一部分划分为一个单位工程。

分部工程项目划分时，对枢纽工程，土建部分按设计的主要组成部分划分；堤防工程，按长度或功能划分；引水（渠道）工程中的河（渠）道按施工部署或长度划分；大、中型建筑物按设计主要组成部分划分；除险加固工程按加固内容或部位划分。

单元工程划分时，按单元工程评定标准规定进行划分。

2.施工质量合格标准

合格标准是工程验收标准。不合格工程必须按要求处理合格后，才能进行后续工程施工或验收。单元（工序）工程施工质量合格标准应按照合同约定的合格标准执行。

分部工程施工质量同时满足这两项标准时，其质量评为合格：第一，所含单元工程的质量全部合格，质量事故及质量缺陷已按要求处理，并经检验合格；第二，原材料、中间产品及混凝土（砂浆）试件质量全部合格，金属结构及启闭机制造质量合格，机电产品质量合格。

单位工程施工质量同时满足下列标准时，其质量评为合格：

（1）所含分部工程质量全部合格。

（2）质量事故已按要求进行处理。

（3）工程外观质量得分率达到70%以上。

（4）单位工程施工质量检验与评定资料基本齐全。

（5）工程施工期及试运行期，单位工程观测资料分析结果符合国家和行业技术标准以及合同约定的标准要求。

工程项目施工质量同时满足这两项标准时，其质量评为合格：第一，单位工程质量全部合格；第二，工程施工期及试运行期，各单位工程观测资料分析结果均符合国家和行业技术标准以及合同约定的标准要求。

3.优良标准

优良等级是为工程质量创优而设置。

单元工程施工质量优良标准按照合同约定的优良标准执行。全部返工重做的单元工程经检验达到优良标准者，可评为优良等级。

（1）分部工程施工质量优良标准

1）所含单元工程质量全部合格，其中70%以上达到优良，重要隐蔽单元工程以及关键部位单元工程质量优良率达90%以上，且未发生过质量事故。

2） 中间产品质量全部合格，混凝土（砂浆）试件质量达到优良（当试件组数小于30时，试件质量合格）。原材料质量、金属结构及启闭机制造质量合格，机电产品质量合格。

（2）单位工程施工质量优良标准

1）所含分部工程质量全部合格，其中70%以上达到优良等级，主要分部工程质量全部优良，且施工中未发生过较大质量事故。

2）质量事故已按要求进行处理。

3）外观质量得分率达到85%以上。

4）单位工程施工质量检验与评定资料齐全。

5）工程施工期及试运行期，单位工程观测资料分析结果符合国家和行业技术标准以及合同约定的标准要求。

（3）工程项目施工质量优良标准

1）单位工程质量全部合格，其中70%以上达到优良等级，且主要单位工程质量全部优良。

2）工程施工期及试运行期，各单位工程观测资料分析结果符合国家和行业技术标准以及合同约定的标准要求。

二、混凝土施工安全技术

（一）准备阶段安全技术

混凝土的施工准备工作主要是模板、钢筋检查、材料、机具、运输道路准备。安全生产准备工作主要是对各种安全设施认真检查，是否安全可靠及有无隐患，尤其是对模板支撑、脚手架、操作台、架设运输道路及指挥、信号联络等。对于重要的施工部件其安全要求应详细交底。

施工缝处理安全技术主要有以下六项：

（1）冲毛、凿毛前应检查所有工具是否可靠。

（2）多人同在一个工作面内操作时，应避免面对面近距离操作，以防飞石、工具伤人。严禁在同一工作面上下层同时操作。

（3）使用风钻、风镐凿毛时，必须遵守风钻、风镐安全技术操作规程。在高处操作时应用绳子将风钻、风镐拴住，并挂在牢固的地方。

（4）检查风沙枪枪嘴时，应先将风阀关闭，既不得面对枪嘴，也不得将枪嘴指向他人。使用砂罐时必须遵守压力容器安全技术规程。当砂罐与风沙枪距离较远时，中间应有专人联系。

（5）用高压水冲毛，必须在混凝土终凝后进行。风、水管必须装设控制阀，接头应用铅丝扎牢。使用冲毛机操作时，还应穿戴好防护面罩、绝缘手套和长筒胶靴。冲毛时要防止泥水冲到电气设备或电力线路上。工作面的电线灯应悬挂在不妨碍冲毛的安全高度。

（6）仓面冲洗时，应选择安全部位排渣，以免冲洗时石渣落下伤人。

（二）施工阶段安全技术

1.混凝土搅拌过程的安全技术

（1）机械操作人员必须经过安全技术培训，经考试合格，持有“安全作业证”者，才准独立操作。

（2）搅拌站内必须按规定设置良好的通风与防尘设备，空气中的粉尘含量不超过国家规定的标准。拌和站的机房、平台、梯道、栏杆必须牢固可靠。

（3）安装机械的地基应平整夯实，用支架或支脚架稳，不准以轮胎代替支撑。机械安装要平稳、牢固。对外露的齿轮、链轮、皮带轮等转动部位应设防护装置。

（4）开机前，应检查电气设备的绝缘和接地是否良好，检查离合器、制动器、钢丝绳、倾倒机构是否完好。搅拌筒应用清水冲洗干净，不得有异物。

（5）启动后应注意搅拌筒转向与搅拌筒上标示的箭头方向一致。待机械运转正常后再加料搅拌。若遇中途停机、停电时，应立即将料卸出，不允许中途停机后重载启动。

（6）搅拌机的加料斗升起时，严禁任何人在料斗下通过或停留，不准用脚踩或用铁锹、木棒往下拨、刮搅拌筒口，工具不能碰撞搅拌机，更不能在转动时，把工具伸进料斗里扒浆。工作完毕后应将料斗锁好，并检查一切保护装置。

（7）未经允许，禁止拉闸、合闸和进行不合规定的电气维修。现场检修时，应固定好料斗，切断电源。进入搅拌筒内工作时，外面应有人监护。

（8）操作皮带机时，必须正确使用防护用品，禁止一切人员在皮带机上行走和跨越；机械发生故障时，应立即停车检修，不得带病运行。

（9）搅拌机作业中，如发生故障不能继续运转时，应立即切断电源，将筒内的混凝土清理干净，然后进行检修。

2.混凝土运输过程的安全技术

（1）自卸汽车运输混凝土的安全技术措施

1）装卸混凝土应有统一的联系和指挥信号。

2）自卸汽车向坑洼地点卸混凝土时，必须使后轮与坑边保持适当的安全距离，防止塌方翻车。

3）卸完混凝土后，自卸装置应立即复原，不得边走边落。

（2）吊罐吊送混凝土的安全技术措施

1）使用吊罐前，应对钢丝绳、平衡梁、吊锤（立罐）、吊耳（卧罐）、吊环等起重部件进行检查，如有破损则禁止使用。

2）吊罐的起吊、提升、转向、下降和就位，必须听从指挥。指挥信号必须明确、准确。

3）起吊前，指挥人员应得到两侧挂罐人员的明确信号，才能指挥起吊；起吊时应慢速，并应吊离地面30～50cm时进行检查，确认稳妥可靠后，方可继续提升或转向。

4）吊罐吊至仓面，下落到一定高度时，应减慢下降、转向及吊机行车速度，并避免紧急刹车，以免晃荡撞击人体。要慎防吊罐撞击模板、支撑、拉条和预埋件等。

5）吊罐卸完混凝土后应将斗门关好，并将吊罐外部附着的骨料、砂浆等清除后，方可吊离。放回平板车时，应缓慢下降，对准并放置平稳后方可摘钩。

6）吊罐正下方严禁站人。吊罐在空中摇晃时，严禁扶拉。吊罐在仓面就位时，不得硬拉。

7）当混凝土在吊罐内初凝，不能用于浇筑，采用翻罐处理废料时，应采取可靠的安全措施，并有带班人员在场监护，以防发生意外。

8）吊罐装运混凝土时严禁混凝土超出罐顶，以防坍落伤人。

9）经常检查维修吊罐。立罐门的托辊轴承、卧罐的齿轮，要经常检查紧固，防止松脱坠落伤人。

（3）混凝土泵作业的安全技术措施

1）混凝土泵送设备的放置，距离基坑不得小于2cm，悬臂动作范围内，禁止有任何障碍物和输电线路。

2）管道敷设线路应接近直线，少弯曲，管道的支撑与固定，必须紧固牢靠；管道的接头应密封，Y形管道应装接锥形管。

3）禁止垂直管道直接接在泵的输出口上，应在架设之前安装不小于10m的水平管，在水平管近泵处应装逆止阀，敷设向下倾斜的管道，下端应接一段水平管，否则，应采用弯管等，如倾斜大于7° 时，应在坡度上端装置排气活塞。

4）风力大于6级时，不得使用混凝土输送悬臂。

5）混凝土泵送设备的停车制动和锁紧制动应同时使用，水箱应储满水，料斗内不得有杂物，各润滑点应润滑正常。

6）操作时，操纵开关、调整手柄、手轮、控制杆、旋塞等均应放在正确位置，液压系统应无泄漏。

7）作业前，必须按要求配制水泥砂浆润滑管道，无关人员应离开管道。

8）支腿未支牢前，不得启动悬臂；悬臂伸出时，应按顺序进行，严禁用悬臂起吊和拖拉物件。

9）悬臂在全伸出状态时，严禁移动车身；作业中需要移动时，应将上段悬臂折叠固定；前段的软管应用安全绳系牢。

10）泵送系统工作时，不得打开任何输送管道的液压管道，液压系统的安全阀不得任意调整。

11）用压缩空气冲洗管道时，管道出口10m内不得站人，并应用金属网拦截冲出物，禁止用压缩空气冲洗悬臂配管。

3.混凝土平仓振捣过程的安全技术

（1）浇筑混凝土前应全面检查仓内排架、支撑、模板及平台、漏斗、溜筒等是否安全可靠。

（2）仓内脚手架、支撑、钢筋、拉条、预埋件等不得随意拆除、撬动。如需拆除、撬动时，应征得施工负责人的同意。

（3）平台上所预留的下料孔，不用时应封盖。平台除出入口外，四周均应设置栏杆和挡板。

（4）仓内人员上下设置靠梯，严禁从模板或钢筋网上攀登。

（5）吊罐卸料时，仓内人员应注意躲开，不得在吊罐正下方停留或操作。

（6）平仓振捣过程中，要经常观察模板、支撑、拉筋等是否变形。如发现变形有倒塌危险时，应立即停止工作，并及时报告。操作时，不得碰撞、触及模板、拉条、钢筋和预埋件。不得将运转中的振捣器放在模板或脚手架上。仓内人员要思想集中，互相关照。浇筑高仓位时，要防止工具和混凝土骨料掉落仓外，更不允许将大石块抛向仓外，以免伤人。

（7）电动式振捣器须有触电保安器或接地装置，搬移振捣器或中断工作时，必须切断电源。湿手不得接触振捣器的电源开关。振捣器的电缆不得破皮漏电。振捣器应保持清洁，不得有混凝土黏接在电动机外壳上妨碍散热。在一个构件上同时使用几台附着式振捣器工作时，所有振捣器的频率必须相同。

混凝土振捣器使用前应检查各部件是否连接牢固，旋转方向是否正确。振捣器不得放在初凝的混凝土、地板、脚手架、道路和干硬的地面上进行试振，维修或作业间断时，应切断电源。

插入式振捣器软轴的弯曲半径不得小于50cm，并不多于两个弯，操作时振动棒自然垂直地沉入混凝土，不得用力硬插、斜推或使钢筋夹住棒头。

作业转移时，电动机的导线应保持有足够的长度和松度。严禁用电源线拖拉振捣器。

用绳拉平板振捣器时，绳应干燥绝缘，移动或转向时不得用脚踢电动机。平板振捣器的振捣器与平板应连接牢固，电源线必须固定在平板上，电器开关应装在把手上。

（8）下料溜筒被混凝土堵塞时，应停止下料，立即处理。处理时不得直接在溜筒上攀登。

（9）电气设备的安装、拆除或在运转过程中的事故处理，均应由电工进行。

（10）作业后，必须做好清洗、保养工作。振捣器要放在干燥处。

（三）养护阶段的安全技术

（1）养护用水不得喷射到电线和各种带电设备上。养护人员不得用湿手移动电线。养护水管要随用随关，不得使交通道转梯、仓面出入口、脚手架平台等处有长流水。

（2）在养护仓面上遇有沟、坑、洞时，应设明显的安全标志。必要时，可铺安全网或设置安全栏杆。

（3）禁止在不易站稳的高处向低处混凝土面上直接洒水养护。

（4）高处作业时应执行高处作业安全规程。

第四章　新型材料混凝土性能及应用

混凝土材料的多元化既是人类对混凝土这一传统建筑材料的迫切需求，也是未来混凝土材料的可持续发展目标。混凝土材料的智能化、规模化、理论化、体系化和集成化应是我国今后生态混凝土研究和开发的主要方向。本章探究泡沫混凝土性能及应用、植生型混凝土性能及应用、自密实轻骨料混凝土特点与性能。

第一节　泡沫混凝土性能及应用

随着社会的发展，科学技术的进步，人们对物质生产和生活的不断追求，简单的建筑已经不能满足人们生活的需要。随着高层、大跨度建筑的发展趋势，当下人们不得不面对建筑物的自重过大这一明显问题。泡沫混凝土是以胶凝材料为主，并以水及外加剂制成胶凝材料浆体，经过发泡剂发泡，形成泡沫浆料，再与混凝土均匀混合搅拌并浇筑成型，在自然养护、蒸汽养护条件下而形成的内部含有大量密闭气孔的轻质混凝土。“泡沫混凝土是近年来广泛研究和应用的高性能结构保温材料，不仅轻质，而且具有保温、耐火、隔音等优异性能。”①

作为多孔混凝土材料之一的泡沫混凝土，由于其自重轻、耐火等级高、环保、降噪、保温隔热性能好等一系列优异性能而备受人们的青睐。泡沫混凝土应用于建筑结构中，一般可以减少建筑物20%左右的自身质量，因此，在建筑结构中使用泡沫混凝土可以得到良好的经济效益。

一、泡沫混凝土的物理力学性能

泡沫混凝土属于多孔混凝土的一种，其与普通混凝土最本质的区别在于：泡沫混凝土没有普通混凝土所含有的粗骨料，而是内部含有大量的密闭气泡。

泡沫混凝土与普通混凝土性能相比较，泡沫混凝土的优异性能总结起来主要有以下五点：

---

①宋强，张鹏，鲍玖文，等.泡沫混凝土的研究进展与应用[J].硅酸盐学报，2021，49（02）：398-410.

（1）泡沫混凝土自重轻。泡沫混凝土的体积密度相对于普通混凝土来说要小，因而泡沫混凝土材料作为高层建筑物的非承重结构部分使用，可以有效地减轻建筑物的自重。

（2）泡沫混凝土保温隔热性能好。泡沫混凝土在内部含有大量的密闭气泡及微气孔，能够起到良好的保温隔热性能。

（3）泡沫混凝土具有良好的降噪功能。因为泡沫混凝土的内部含有大量的密闭气孔，所以在构筑物中具有很好的隔音减噪性能。

（4）泡沫混凝土具有良好的抗震性能。泡沫混凝土的自重比较轻，在以泡沫混凝土为材料建成的相关结构构件中可以有效地减小地基荷载，提高建筑物的抗震性能。

（5）其他性能。由于泡沫混凝土具有良好的可泵性，所以能够用于大面积现场浇筑和地下采空区的填充工程。此外，泡沫混凝土还具有良好的冲击能量吸收性、防水性以及可大量利用工业废渣、价格低廉等优点。

二、泡沫混凝土的应用

泡沫混凝土是一种以胶凝材料和发泡剂为主要原材料的混凝土。泡沫混凝土对普通混凝土而言，拥有轻质、保温、隔热、降噪等优处。正是由于泡沫混凝土的这些优点，其应用于越来越广泛的领域。

（1）用作挡土墙。主要用于港口的岸墙，使用泡沫混凝土作轻质回填材料可以有效地降低对岸墙的侧向荷载，也可减少垂直荷载。在路基边坡也得到了应用，以增强其稳定性，或用于沙区蓄水覆盖等。

（2）补偿地基。由于现在建筑物的高度大、群组大，导致建筑物群的自重大，进而所引起的沉降越来越明显，当下人们不得不面对由建筑物自重所引起的一系列问题。在建筑物组群中由于各组成部分的自重不同会引起建筑物的自由沉降差，因此，在建筑物设计过程中要求在建筑物自重较低的部分填充软材料，作为补偿地基使用，泡沫混凝土能较好地满足此需求。

（3）泡沫混凝土砌块。泡沫混凝土砌块是目前国内应用最广泛的泡沫混凝土材料之一。其作为墙体填充材料，能够大幅降低结构的自重，从而缩小桩的孔径或减少桩的数量，增加建筑物的高度或节省工程造价。

（4）泡沫混凝土保温层现浇。在施工现场将泡沫混凝土进行泵送浇筑，经自然养护而形成的一种含有大量封闭气孔的新型轻质保温材料。

（5）泡沫混凝土轻质隔墙板。中国建筑材料科学研究院经过GRC（玻璃纤维增强水泥）隔墙板生产工艺联合固体泡沫剂和泡沫水泥的研究成果，研发出了粉煤灰泡沫水泥轻质墙板的生产技术，在保持GRC轻质墙板使用效果的基础上，降低了生产成本，提高了浆体的流动性，得到了良好的技术、经济和环境效益。

（6）管线回填。选用密度等级为600～1100kg/m^{3}的泡沫混凝土回填能够有效解决污水管、地下废弃的油柜、管线（内装粗油、化学品）及其他容易导致火灾或塌方的空穴。

（7）修建运动场和田径轨道鼓出。选用密度等级为800～900kg/m^{3}的泡沫混凝土作为轻质基础，表面覆以砾石或人造草皮，用作曲棍球、足球和网球等活动的运动场。再者在泡沫混凝土上盖上一层0.05m厚的多孔沥青及塑料层，可以用作田径轨道鼓出。

（8）耐火应用。泡沫混凝土的耐火性既可用于大型防火工厂，也可用于生产管道保温外壳以及管道保温喷涂层等。

（9）园林应用。泡沫混凝土在园林方面的应用是一个新兴领域，主要有假山石、发泡仿木材料等，也可以作为基质材料用于无土种植。

（10）其他应用。泡沫混凝土还可应用在回填灌浆、地铁隧道减荷、夹芯构件、复合墙板、屋面边坡、储罐底脚的支撑、贫混凝土填层以及防火墙的绝缘填充、隔声楼面填充、装饰材料等方面。

目前，国外的泡沫混凝土技术比较先进，应用相对广泛。由于泡沫混凝土的优异性能以及良好的经济性能，因此，泡沫混凝土应用于许多工程结构中。比如，低密度泡沫混凝土应用在工程填充及高密度混凝土应用于绝缘结构中。泡沫混凝土的其他应用还包括隔热隔音、防火绝缘、轻块预制面板、路基填充、机场轨道鼓出等。由于泡沫混凝土良好的流动性，还应用于地下室、储蓄罐、老旧的下水道、导管和空洞道路在暴雨情况下的排水。

泡沫混凝土的应用在全球范围内广受欢迎，特别是饱受恶劣天气、地震、飓风袭击等自然灾害的地区。泡沫混凝土广泛应用，大部分是由于它良好的经济性能以及环保性能。

现阶段我国正在大力倡导生态节能、资源综合利用的建筑材料应用与研发，泡沫混凝土的优良性能备受人们的关注，前景广阔。现浇泡沫混凝土是目前国内泡沫混凝土的第一大应用领域，随着我国大规模修建公路铁路，泡沫混凝土在软土地基填充、冻土地带路基填充、拓宽路基代土填充、引桥代土填充、斜坡路基防滑填充、护坡植草覆盖浇筑、地下管线填埋等几十个方面得到了应用推广。将来，泡沫混凝土的第二大应用领域将会是土木工程回填、岩土回填和生态覆盖。

当然，泡沫混凝土的功能应用方面前景也很广阔，尤其是在吸音隔音方面，泡沫混凝土具有良好的吸声效果。另外，泡沫混凝土在保温隔热、抗渗防水、耐火等领域也具有广阔的发展前景。泡沫混凝土的导热系数相对比较低，具有很好的防火性。随着越来越多的泡沫混凝土功能的发现，作为功能材料将逐渐受到人们的关注。

随着泡沫混凝土的稳步发展，其应用市场一片光明。国内泡沫混凝土建筑节能技术正成熟，泡沫混凝土的发展趋向于多样化的前景越来越广阔，泡沫混凝土即将进入快速发展期。积极探索更好的生产应用技术，突破发展瓶颈，泡沫混凝土的发展将越来越好。

第二节　植生型混凝土性能及应用

混凝土是人类与自然界进行物质与能量的交换活动中消费量较大的一种材料，现如今，保护地球环境，走可持续发展道路已成为全世界共同关心的问题。21世纪的混凝土不仅要满足作为结构材料的要求，还要尽量减少给地球环境带来的负担和不良影响，能够与自然协调，与环境共生。建设生态文明，是关系人民福祉、关乎民族未来的长远大计。要加大自然生态系统和环境保护力度，实施重大生态修复工程，增强生态产品生产能力，推进荒漠化、石漠化、水土流失综合治理。所以，经济建设与生态环境的协同发展是当今社会面临的重要任务。

一、植生型混凝土的设计

植生型混凝土结构特点是以粗集料为基本骨架，胶结材料包裹在集料颗粒表面作为集料颗粒间的胶结层，形成骨架间隙结构。

植生型混凝土的本身具有连续及半连续多孔隙的生态混凝土，通过空隙可以使水和空气从中贯通，因此，与传统混凝土相比，植生型混凝土的强度及耐久性有所降低，然而利用它的自身优点，对环境有着很大的改善，对当前发展状况有着深远的影响，响应当前的多孔动物城市建设。

混凝土技术的发展，很大程度上归因于混凝土材料的发展。粉煤灰的开发使用，矿渣微粉在混凝土中的掺入，为各种新型混凝土技术提供了翅膀。植生型混凝土改善了城市环境，缓解了城市压力，在各个方面都有很重要的研究价值。

植生型混凝土也叫植物互容型生态混凝土，由大孔透水混凝土、土壤、植物以及保水材料构成，为了能够绿色环保，还应用于护坡工艺当中，同时在路面方面，研究出了绿色便道生态砖、绿色生态墙体、植生型屋顶、生态停车场等。

二、植生型混凝土的优点

（1）植生型混凝土通过植物自身特性，充分发挥光合作用可以吸收二氧化碳，释放氧气，改善和净化城市空气，同时在一定程度上减少周围环境的噪声污染。

（2）利用植生型混凝土可以对土壤进行保护，防止在恶劣天气条件下造成水土流失。

（3）植生型混凝土通过自身构造特点，具有绿色环保理念，改善生活环境，降低了环境热岛效应，提高了人们生活的质量，美化了环境景观。

（4）生态混凝土可以放到水中进行净化，改善水的质量，促进水中的植物生长。

三、植生型混凝土的分类

植生型混凝土主要类型包括：孔洞植生型混凝土、敷设植生型混凝土、复合随机多孔植生型混凝土等。

（1）孔洞植生型混凝土。孔洞植生型混凝土主要是传统的混凝土板在施工时预留孔洞，同时为了保证植物顺利生长，在孔隙内添加生长材料，播种后植物能正常生长。孔洞植生型混凝土有孔洞型块体植生型混凝土与孔洞型多层植生型混凝土的区别。孔洞植生型混凝土从构造上看，与传统混凝土一致，只是在上部留有孔洞，为植物提供生长空间，但是绿化面积较小。孔洞多层植生型混凝土上部为孔洞型多孔混凝土板，底部为凹槽形，上下部带有连接构造，使得中间构成培土层。该混凝土仅仅是机械上使得混凝土与植物联系起来，但是总体来讲，这些不能算是植生型混凝土。

（2）敷设植生型混凝土。敷设植生型混凝土主要为传统混凝土外表面带有塑料植被网，同时在上面喷涂植物生长剂。可以加入少量胶结材料于土壤中，对土壤的加固有着良好作用，但是该植生型混凝土的施工较复杂，造价较高，工程应用较少。

（3）随机多孔植生型混凝土。随机多孔植生型混凝土主要为无砂粗骨料混凝土为植物生长的基体，同时在孔隙中灌入营养物质。该混凝土有普通随机多孔植生型混凝土与复合随机多孔植生型混凝土之分。近年来，我国提出了复合随机多孔植生型混凝土，其特点为周边利用高强混凝土作为保护框并起到模具作用，在其中间浇筑多孔混凝土，解决了植生型混凝土作为生长基的构件化问题。

四、植生型混凝土的应用

（一）植生型混凝土在住宅小区的应用

植生型混凝土在住宅小区的应用包括：小面积植生型混凝土、大面积地面植生型混凝土和非地面植生型混凝土。

小面积植生型混凝土是利用块体增设孔洞，为植物生长提供空间。该类生态混凝土主要用于小区及停车场道路。

大面积地面植生型混凝土由无砂混凝土构成，该类混凝土用于大面积有护坡的连续型地面。

非地面植生型混凝土利用上部的孔洞生态混凝土预留10mm左右的均匀孔洞，孔洞率在20%左右。下部设有凹槽型的多孔混凝土板，上下部混凝土组合构成培土层在中间。该混凝土主要用于住宅阳台、顶层屋面板等一些不和地面土壤直接接触的部位。

（二）植生型混凝土在河道整治中的应用

近年来，随着科技和经济的发展，人类的生产与生活给自然环境的压力日趋加大。人们对自然的一些改造打破了原有的生态平衡，以水利工程方面来说，为了满足防洪、抗冲、抗冻、抗撞击等条件，天然河道通常进行裁弯取直处理，河岸采用浆砌石、干砌石、混凝土等硬质材料建制护坡。这类硬质护坡能够很好地满足工程规范中的系列要求，但阻断了水生生态环境与陆生生态环境的联系，导致河道原有的完整生态结构被破坏，失去其作为生态廊道的作用，故而不利于生态保护和水土保持。从外观上来看，采用这类硬质材料的护坡给人以“生、冷、硬”的感觉，与河道周围的自然景观格格不入，所以研究新型生态护岸是现代河道治理的大趋势。

1.传统护岸模式

在水利工程中，传统的护坡工程一般采用水泥、石料、混凝土等硬性建材。在建设要求上主要满足行业规范要求的安全性与经济性，形式上主要有：干砌石护坡、浆砌石护坡、混凝土板护坡、石笼护坡、模袋混凝土护坡。

（1）干砌石护坡。采用不规则石块护砌，一般用错缝锁结的方式铺砌，缝隙用小石块填筑，呈一个紧密无通缝的整体结构，护坡一般在20～50cm。

（2）浆砌石护坡。采用不规则块石护砌，缝隙用水泥砂浆抹平，护坡整体设置伸缩缝。混凝土板护坡根据坡面长度设计混凝土成矩形板面状并连接而成的护坡，一般设有伸缩缝。

（3）石笼护坡。使用钢丝按设计要求编制成笼网，内填石料铺设而成。

（4）模袋混凝土护坡。通过高压泵将混凝土浆灌入膜袋中，在混凝土凝固后形成板状或特殊形状的能满足工程要求的块状结构。

2.新型护岸模式

传统护岸一般仅满足工程性能，无法兼顾生态效益，故新型护岸的研究与开发主要在于兼顾这两个方面。所以，在水利工程中，新型护坡一般指的是既能满足河道护岸的防洪、固堤作用，又能兼顾生物的兼容性，与周围的环境体系融为一体的生态型护坡。生态护坡一般分为天然植被护坡、网石笼生态护坡、应用土工材料复合种植技术型护坡、植生型多孔混凝土护坡、孔洞型结构护坡、自然材料护坡。

（1）天然植被护坡指的是利用根系发达的植被进行加筋固土的护坡。

（2）网石笼生态护坡是指利用镀锌或喷塑铁丝网填装碎石，并附种植土及肥料于其中供植物生长的护坡。

（3）土工材料复合种植技术型护坡是指将土工材料制成膜袋、网垫等，内填种植土及肥料供植物在其上生长，并用铆钉将膜袋、网垫等固定在坡面上，植物长成后通过根系可以很好地将土工材料、土黏结成一个整体。

（4）植生型多孔混凝土护坡又称绿化混凝土护坡，主要是应用植生型多孔混凝土这种新型混凝土，现场浇筑可形成多孔结构状，该种混凝土碱性低、孔隙大、强度高，可同时满足防洪与生态的双重指标。

（5）孔洞型结构护坡也是生态混凝土护坡的一种，利用孔洞型预制混凝土修建的护坡，使动植物在孔洞中有生存的空间。

（6）天然材料护坡是指使用天然的建材，如石块、木材、天然植被形成接近自然成型的护坡。一般应用在城市景观河道、风景区河道等。

从设计理念上来说，传统护坡的功能主要是“兴利除害”。所以传统护坡在设计上主要是满足防洪、抗冲等安全性能的要求，而新型护岸主要是在满足安全性能的前提下，兼顾亲水性、景观性、生态保护性。而以现代水利工程的发展来说，随着人们对环保和生态保护认识的提高，单一的工程护坡已不能满足人类社会发展的需要。近年来，针对各种工程对环境和生态的要求，不同种类的新型护坡成功地应用到工程实例当中。但从经济成本来说，一般的新型护岸由于材料工艺等原因，都高于传统护岸，这也是一些新型护岸技术推广的困难因素之一。

作为新型护岸，植生型多孔混凝土护坡的防洪效果要强于天然植被护坡、土工材料复合种植技术型护坡、天然材料护坡；在耐久性上要强于网石笼生态护坡，在经济成本上要优于孔洞型结构护坡及一些预制类的生态护坡。无论在适用性、经济性以及防洪效果上，植生型多孔混凝土护坡都有较强的优势，故在近年来，国内一些水利工程上植生型多孔混凝土护坡的应用也逐渐广泛起来。

植生型多孔混凝土除了起到护堤作用外，其自身良好的透水性、透气性和多孔性，实现了植物和水生生物在其孔隙内生长，能够起到净化水质、改善景观、完善生态体系的多重作用。植生型多孔混凝土能实现岸坡与河流之间的亲水交换，构建自然水体生态链，提高河水自净能力。此外，多孔混凝土孔隙中生存的微生物，以及其内部溶出物如钙、镁、铝等离子与水中氮、磷等营养元素反应也是其具有净水能力的原因。

待植生型混凝土初凝后，可增加适量的营养成分，用来降低生态混凝土孔隙间的可溶性盐碱含量。植生型混凝土护岸使植物植被、河岸坡、河道以及水构成一体，利用自然环境及地形、地貌等条件，建立一个良好的河道生态系统。

我国经济正在飞速发展，但发展带来的环境问题却日益凸显。如何解决发展与环境的矛盾，实现可持续发展是亟待解决的问题。在工程建设中，保证建筑安全性的同时兼顾生态环境，是工程发展的大趋势。植生型多孔混凝土作为一种绿色、环保的建筑材料，已经是一种常用的工程建材，在各个工程领域中均有使用，对其研究和应用也非常成熟。

植生型多孔混凝土在生态效益上具有普通混凝土无法比拟的优势，在未来小河流治理中，不但可作为一种植生型护坡材料使用，其自身的孔隙结构还能够实现岸水之间的亲水交换，具有良好的净化水质的功能。并且其还有降低噪声、减少粉尘的作用，在城镇周边的小河流中应用，可以改善人们的生活环境。所以，对植生型多孔混凝土的研究及在水利工程中的应用对推动生态水利的发展具有积极的意义。

（三）植生型混凝土在边坡中的应用

经济发展固然重要，然而在基础设施建设的过程中会形成大量的边坡，其周围环境也会遭到严重的破坏，土壤易受到雨水侵蚀而发生山体滑坡、边坡塌方等自然灾害，这不仅影响主体工程的安全稳定，而且严重危害人类的生命安全。“植生型多孔混凝土是一种在工程应用中能够兼顾工程规范与生态修复要求，并将工程防护和植物防护有机结合起来的新型护坡材料。”[①]

1.传统护坡技术的优缺点

目前，我国在边坡防护方面采用的技术主要有：硬质密实护坡技术、孔洞型护坡技术、天然植被护坡技术。这三种护坡技术因其成熟的施工工艺而得到普遍应用，但却存在各自的优缺点，主要体现在以下方面：

（1）硬质密实护坡技术具有边坡强度高、耐久性好等优点，极大地满足了护坡的功能要求。但硬质密实护坡质地坚硬，颜色灰暗，视觉效果不佳，而且硬质密实护岸的孔隙率小、碱性强。这种将坡面完全封闭的护坡方式阻断了坡面和空气之间的物质和能量交换，破坏了坡面上植物生长所需要的生态环境。

（2）孔洞型护坡技术具有制作工艺相对简单，可大批量工厂化生产，且有一定的绿化效果的优点。同样，孔洞型护坡也有弊端，若孔洞设计过小，则植物生长空间小，绿化面积少；若孔洞过大，则孔内土壤易受冲刷，造成流失，影响边坡的稳定性。

（3）天然植被护坡技术是在土质边坡上种植植物，通过植物根系盘结于土壤中来提高土壤的抗剪强度及抗冲性，达到维持边坡稳定的目的。虽然植被护坡技术具有一定的绿化效果与边坡防护效果，但是长时间的雨水浸泡和强降雨的冲刷对边坡的稳定性影响较大。

通过对比传统护坡方式的优缺点发现，研究一种既能保护边坡稳定又能保护生态环境的生态护坡技术具有一定的必要性。生态护坡是生态建材的一种，它通过植物与非生物材料相结合，提高坡面的稳定性和抗侵蚀性。

---

① 宋文杰. 植生型多孔混凝土在河道岸坡整治工程中的应用[J]. 湖南水利水电，2021（01）：79-82+94.

2.植生型多孔混凝土护坡的优点

生态护坡技术是材料科学与生物学等多个学科相交叉而形成的前沿技术，通过采用植生型多孔混凝土进行生态护坡不仅能有效改善边坡水土流失、滑坡和泥石流等地质灾害，而且对生态环境的建设以及整个自然生态系统的发展都是有利的。植生型多孔混凝土作为一种兼顾生物相容性和工程功能性的新型防护材料，将对建设“多孔动物城市”发挥重要作用，具有十分重要的研究意义。

利用植生型多孔混凝土将失稳的坡面改造成稳定的坡面，然后播种植物，通过植物的自然恢复力，形成稳定的生态坡面，是植生型多孔混凝土护坡的主要目的。

（1）大自然本身就是一个和谐的生态系统，大到整个社会，小到一个边坡植被群落，无不是这个生物链中不可缺少的重要一环。当采用传统的方法进行边坡防护时，边坡被衬砌化、硬质化，这固然对边坡防护起到了一定的积极作用，但同时对整个生态系统的破坏也是显而易见的。相反，利用植生型多孔混凝土生态护坡，把边坡、混凝土、植被连成一体，能在自然地形和地貌的基础上，建立起阳光、生物、土体、护坡之间的边坡生态系统。

植生型多孔混凝土生态护坡的坡面，具有高孔隙率多生物生长带，不仅为地面以下动植物提供了栖息、繁衍的场所，也为地面上昆虫、鸟类提供了觅食和繁衍的环境，对保持生物的多样性具有一定的积极意义。

（2）植生型多孔混凝土生态护坡作为一种高级的护坡形式，首先具备边坡防护的能力，护坡植物可以调节地表和地下水文状况，使水循环途径发生一定的变化。同时，植生型多孔混凝土生态护坡采用了根系发达的固土植物，在水土保持方面又有很好的效果，边坡的抗冲刷能力大大加强。当植被根系穿透混凝土并充分生长至土体中时，在垂直坡面方向拔出植生型多孔混凝土试件，需要用超过试件自身重量的力量，这说明植株根系具有锚固作用，植物根系增加了植生型多孔混凝土对土体的防护作用，增加了边坡的稳定性。

（3）植生型多孔混凝土生态护坡改变了过去边坡防护的单一色调，将静态美变成了动植物和谐发展的动态美。生态护坡使灰冷的边坡变成了绿色长廊，草木苍翠、鸟语花香的动态美得以重现，顺应了现代人回归自然、返璞归真的心理，提升了整个城市的品位。

（4）植生型多孔混凝土生态护坡是一种经济效益很好的护坡材料。相对于普通混凝土护坡，植生型多孔混凝土护坡不仅具有良好的社会效益，而且还可以降低工程造价。与普通水泥混凝土护坡相比，植生型多孔混凝土生态护坡能节省造价，所以植生型多孔混凝土生态护坡经济效益优异。

第三节　自密实轻骨料混凝土特点与性能

一、自密实轻骨料混凝土的特点

如今，结构抗震性能受到越来越多的重视，如何提高结构抗震性是材料选择及结构选型所要重点考虑的因素，自密实轻骨料混凝土因其具有弹性模量小、重量轻的特点，用于结构中，能有效降低结构的自振周期，提高结构的抗震性能。

为了更好地落实“绿色、可持续”发展的理念，需要研制更加环保、更适合社会发展需求的新型建筑材料，自密实轻骨料混凝土（SCLC）就是其中一种。自密实轻骨料混凝土兼有普通轻骨料混凝土和自密实混凝土二者的特点。

第一，自密实轻骨料混凝土的密度小，比普通骨料混凝土轻25%～40%，可以大大减轻结构自重，节省建筑钢材用量，在相同钢材用量条件下，提高了结构的安全储备，用于桥梁结构的主梁或者高层建筑的墙、板等结构，能够大大减轻结构自重，可以实现大跨度、超高层以及截面复杂和重要的结构等。

第二，自密实轻骨料混凝土施工不需要振捣，便可以在自重作用下在模板里填充成型，具有施工噪声小、速度快的特点，在加快施工进度的同时显著地改善了施工环境，减小了施工噪声对周围环境的污染。

第三，自密实轻骨料混凝土弹性模量小、重量轻，用于结构中降低了结构的自振周期，有利于结构的抗震吸能和提高结构安全度。

第四，自密实轻骨料混凝土具有热传导率低、保温好的优点，并且抗冻性好，用于建筑结构和墙体保温，可以减少建筑的热量损失，是建筑节能的首选材料。

第五，自密实轻骨料混凝土用于结构加固，在较小增加结构自重的情况下，可以完全实现对原结构的加固作用，自密实轻骨料混凝土用于结构加固作用，可以获得良好的经济和技术效果。

第六，由于轻骨料的成分与普通碎石骨料组成成分的差异，自密实轻骨料混凝土还具有抗碱集料反应的特性，采用自密实轻骨料混凝土可以避免由于碱集料反应引起的混凝土结构破坏。

轻质混凝土具有良好的自保温性能，能有效地满足功能要求。另外，越来越复杂的建筑结构使得传统的混凝土振捣无法实现，而且城市噪声限值对施工环境要求越来越高，自密实混凝土既能满足非振捣而自密实，同时也有效减小了环境噪声污染。

另外，自密实轻骨料混凝土中掺入一定量的粉煤灰来取代水泥，不仅减少了生产水泥所造成的环境污染，而且使得电厂废渣得以有效利用，既环保又经济。

由于自密实轻骨料混凝土强度相对较低，目前主要用于楼板和墙体部位，系统研究自密实轻骨料混凝土的工作性能、力学性能及与钢筋的黏结性能对研究自密实轻骨料混凝土构件及梁柱节点抗震性能等具有重要的意义。

二、自密实轻骨料混凝土的性能

（一）自密实轻骨料混凝土的基本力学性能

抗压、抗拉、弹性模量等力学性能是混凝土研究的重点内容，满足基本力学性能要求既是进行混凝土结构设计和施工的前提，也是自密实轻骨料混凝土得以推广应用的先决条件。立方体抗压强度是自密实轻骨料混凝土最基本的力学指标，其与轴心抗压、劈拉以及抗折强度密切相关。混凝土的拉压比、折压比是脆性指数的一种体现。弹性模量与泊松比既是混凝土在弹性阶段变形的指标，也是进行应力–应变关系推导的重要参数。受压应力–应变全曲线，体现在整个受压破坏阶段混凝土应力与应变的关系，本构关系是混凝土构件或结构进行受力分析、变形分析以及破坏分析最重要的依据。

（1）轻骨料的筒压强度、颗粒形状和吸水率等性质直接影响到自密实轻骨料混凝土的力学性能。

（2）同强度等级的自密实轻骨料混凝土和普通混凝土，因轻骨料的密度小，所以比强度值远大于普通混凝土。

（3）自密实轻骨料混凝土抗拉强度低于同强度等级的普通混凝土，拉压比较小。

（4）自密实轻骨料混凝土抗折强度随抗压强度的增大而增大，但折压比小于同强度等级的普通混凝土，脆性比普通混凝土的要大。

（5）自密实轻骨料混凝土因其轻骨料特性，以及减水剂、掺合料的使用造成配合比的差异，其弹性模量比普通混凝土的要小，能提高结构的抗震性。

（6）自密实轻骨料混凝土泊松比普通混凝土的小，约为2.1。

（7）自密实轻骨料混凝土的受压应力–应变全曲线与普通混凝土的相比，峰点更为突出，曲线更加陡峭。

（8）自密实轻骨料混凝土的破坏裂缝直接贯穿粗骨料本身，不像普通混凝土是沿骨料与砂浆界面开裂。

（二）自密实轻骨料混凝土的收缩影响因素及性能

混凝土因在凝固过程中失水而发生收缩现象。收缩又分为自生收缩和干燥收缩两个方面。普通混凝土的自生收缩所占比例较小，相对于干燥收缩可以忽略不计。对于自密实轻骨料混凝土，因其轻骨料本身具有吸水性，加上胶凝材料使用量大，自主收缩值会比普通混凝土的要大。

相比于自生收缩，干燥收缩在混凝土的收缩变形中占的比重较大，混凝土干燥收缩主要是受混凝土材料含水率和所处环境干燥情况的影响。

自密实轻骨料混凝土因其轻骨料具有吸水性，在混凝土收缩早期，能为其提供内养护，收缩值会略小于普通混凝土，但随着水分的流失，后期收缩会逐渐加大，最终的收缩值会大于普通混凝土的收缩值。

混凝土体积随着时间的增加而变小的现象即产生混凝土的收缩。自生收缩和干燥收缩是混凝土收缩的两个方面。在混凝土与外界没有水分交换的情况下发生自生收缩，原因是混凝土中的胶凝材料发生水化反应后体积减小，水化作用后的体积小于原胶凝材料的体积。干燥收缩是混凝土在养护或使用阶段，随着体内水分不断流失而产生的收缩。

1.影响收缩的因素

（1）水泥。水泥因其发生水化反应会引起水泥浆收缩，混凝土收缩增加，并且水泥材料的性质会对混凝土的收缩速度产生一定的影响。

（2）骨料种类。普通混凝土中的粗骨料对收缩起到很大的约束作用，主要是因为粗骨料本身不吸水，且弹性模量较大，变形较小，骨料用量增加，混凝土的收缩减小。对于自密实轻骨料混凝土而言，因轻骨料本身具有吸水性，且骨料的弹性模量较小，变形较大，对水泥砂浆的约束作用减小，导致混凝土收缩值增大，随着骨料含水率的提高，自密实轻骨料混凝土的干燥收缩也会增加。

（3）配合比。水胶比、水泥用量和用水量是影响混凝土收缩的配合比方面的因素，混凝土的收缩与这三个影响因素同向变化，即水胶比越大、单位体积用水量和水泥用量越大，混凝土的收缩也就越大。

（4）减水剂。减水剂的使用主要用于提高混凝土的工作性能，目前常用的萘系减水剂、聚羧酸型减水剂，因其使用量较小，对混凝土的收缩影响不明显。

（5）养护条件。混凝土在整个养护和使用阶段都会发生收缩反应，前期收缩比较明显，收缩值较大，后期收缩发生缓慢，收缩值较小。养护条件的差异会直接影响到混凝土的收缩。湿养护会减缓混凝土中胶凝材料的水化速度，使早期收缩减小，但从长远来看，对混凝土总的收缩值影响不太明显。蒸汽高压养护可以有效减小混凝土的收缩。

（6）使用环境。干燥失水是导致混凝土收缩的主要原因，混凝土所处环境的潮湿与干燥，会对收缩产生截然不同的影响，工作环境越潮湿，收缩越小，环境越干燥，收缩越大。混凝土所处环境的温度对收缩影响不明显。

2.自密实轻骨料混凝土的收缩性能

（1）自密实轻骨料混凝土收缩主要是干燥失水导致的，水泥品种、骨料种类、配合比、减水剂、养护条件、使用环境等都是影响收缩的重要因素。

（2）自密实轻骨料混凝土的收缩也贯穿于整个使用过程，早期收缩较大，发展较快，后期收缩较小，发展渐趋平缓。

（3）因养护湿度偏低、轻骨料吸水性的弹性模量小等因素的影响，导致自密实轻骨料混凝土收缩值较普通混凝土偏大。

（三）自密实轻骨料混凝土的黏结理论及性能

钢筋和混凝土是两种力学性能截然不同的材料，要使两种材料在结构中共同作用，就必须有很好的黏结。钢筋和混凝土的黏结主要包含以下四部分：①胶凝材料与钢筋的化学黏结力；②钢筋与混凝土之间的摩擦力；③钢筋表面凹凸不平与混凝土的机械咬合力；④钢筋端部在混凝土内的锚固力。当钢筋在拉拔作用下，与混凝土产生相对变形时，就会沿钢筋轴线方向在交界面上产生作用力，即为钢筋与混凝土的黏结力。为使钢筋和混凝土在结构中能充分发挥各自的优势，则需满足黏结力不超过其黏结强度，这样才能保证钢筋和混凝土能够更好地工作。

1.黏结基本理论

黏结应力实质上是钢筋界面与周围混凝土之间的剪应力。

对于普通混凝土结构，外荷载是通过黏结应力沿钢筋长度方向进行传递的，并非直接作用于钢筋上，钢筋在黏结力的作用下，应力会沿长度方向发生变化；如果钢筋与混凝土界面上不存在黏结应力，则钢筋应力不会沿长度方向发生改变，即应力为常值。

因钢筋和混凝土两种材料弹性模量及受力分布的不同，在受外荷载作用时，应变值会有所不同。因黏结力的存在，并随其应力的变化，钢筋和混凝土往往会沿界面产生相对滑移。

（1）钢筋和混凝土之间的黏结力组成

1）钢筋与混凝土接触面上的化学吸附作用力。这种吸附力主要来自两个方面：一是水泥浆体在浇注过程中对钢筋表面氧化层的渗透；二是水泥水化反应中晶状体的生长和硬化。水泥凝胶体与钢筋表面的化学黏着力一般较小，且仅在受力开始阶段，局部无产生滑移时起作用。一旦钢筋受力产生变形，钢筋与混凝土接触面发生相对滑移，化学黏着力便丧失了。水泥的性质和钢筋表面的粗糙程度对抗剪极限值起决定性作用。

2）混凝土与钢筋之间的摩阻力。混凝土在凝固过程中发生收缩，产生了垂直于钢筋摩擦面的压应力，即摩阻力。周围混凝土同样会与钢筋产生相互的摩阻力，但周围混凝土的摩阻力要待黏着力发生破坏后才能发挥其作用。钢筋与混凝土之间摩阻力的大小，取决于二者间摩擦系数以及混凝土发生收缩时对钢筋的径向压应力的大小。混凝土收缩时对钢筋的压应力越大，二者接触面的粗糙程度越大，摩阻力就越大。

3）钢筋与混凝土之间的机械咬合力。对于光圆钢筋，咬合力主要来源于钢筋表面粗糙不平；对于变形钢筋，咬合力主要来源于钢筋凹凸肋。相对来说，变形钢筋与混凝土之间的机械咬合力要大于光圆钢筋，这也是大多数结构选用带肋钢筋而非圆形钢筋的原因之一。

（2）黏结破坏模式

1）钢筋拔出破坏。当锚筋长度较小，且受到足够横向约束而纵向约束不足时，会出现混凝土被剪坏而锚筋被拔出的破坏形态，该破坏因钢筋变形充分属于延性破坏，它所对应的极限黏结强度是变形钢筋与混凝土黏结强度的上限。

2）混凝土劈裂破坏。当锚筋遇到横向约束不足的情况时，锚筋会对混凝土产生径向的挤压力，会使锚筋与混凝土之间产生受拉的劈裂裂缝，裂缝随着挤压力的增大而不断扩大，且很快贯通试件全长，最终使混凝土发生劈裂破坏。该破坏因混凝土在瞬间被劈裂属于脆性破坏。

2.自密实轻骨料混凝土的黏结性能

（1）自密实轻骨料混凝土与钢筋黏结破坏因钢筋锚固长度较小而发生劈裂的破坏形态，破坏时的主裂缝形式为在该对称面上各有一条贯通的裂缝。

（2）自密实轻骨料混凝土与钢筋黏结应力的大小受轻骨料的影响较小，与普通混凝土的黏结强度相差不大。

（3）自密实轻骨料混凝土黏结应力随钢筋埋长呈递减趋势变化，靠近加载端的黏结应力大于远端的黏结应力值。

随着人们对建筑物耐久性的关注，对锈蚀钢筋与普通混凝土黏结性能的研究逐渐增多。作为新型材料的自密实轻骨料混凝土，也需考虑与锈蚀钢筋的黏结问题。随着科技水平的提高，钢筋的品种日渐繁多，强度也越来越高，加之减水剂、硅粉、纤维等材料在混凝土中的广泛使用，使影响钢筋与新型混凝土的黏结因素分析变得更为复杂，而且使它们之间的黏结性能逐渐成为研究的热点。

第五章　基于BIM的建筑工程质量管理

BIM技术在建筑工程质量控制管理方面的合理化应用，使现代建筑建设质量发展水平得到有效提升，为建筑行业的稳健发展提供完备的技术支持。本章主要研究BIM及其应用价值、建筑工程施工过程的质量管理系统、BIM在建筑工程质量管理中的应用。

第一节　BIM及其应用价值

一、BIM的特征

BIM是Building Information Modeling（建筑信息模型）的简称，BIM包括以下五个方面：第一，贯穿于建筑工程全生命周期；第二，利用软硬件技术实现信息模型的创建，并不断插入、提取、更新、修改信息，实现对设施物理和功能特性的数字化表达；第三，进行业务流程的信息管理，实现信息的有效传递及共享；第四，利用平台提供的模型及信息辅助设计、建造、运营的管理和优化，实现各参与方协同工作；第五，涵盖数据层、信息模型层及功能应用层的BIM数据库。“建筑信息模型（BIM）是一个使用数字模型来支持虚拟设计和施工的协作工作流程，可以简化项目交付工作流程并提高建筑性能。”[①]

BIM技术的核心是信息，以软件为载体，实现模型构建、模型应用和信息管理，最终目标是实现建筑信息化。依据BIM的内涵，一个完整的信息模型，应集成全生命周期的不同阶段的工程数据和业务数据，动态地实现信息的创建、管理和共享，并始终保持信息的一致性和完备性，为各参与方提供一个协同共享的工作平台。BIM技术以其自有的以下特征改变信息共享的方式，提高管理工作效率：

（1）信息的完备性。除了对工程对象进行3D几何信息和拓扑关系的描述，还包括对象名称、对象类别、结构类型、建筑材料的物理和结构性能等设计信息；施工工序、进度（某一构件的施工开始时间、结束时间）、成本（工程量、单价）、质量、安全以及人力、机械、材料资源等施工信息；工程安全性能、材料耐久性（使用年限、维护方法）等

① 许俊民.绿色建筑结合BIM技术的最新发展[J].西部人居环境学刊，2020，35（06）17-23.

维护信息；对象之间的逻辑关系等。

（2）信息的一致性。在建筑工程全生命周期不同阶段，信息保持一致性，同一信息只需一次创建，便可在其基础上自动演化。模型对象在不同阶段进行修改和扩展，无须重新创建，减少信息不一致的错误。

（3）信息的动态性。随着工程的推进，进度、成本、质量等数据时刻动态变化，传统的信息管理无法实现对信息的及时检索、查阅，这在很大程度上降低了信息的时效性。BIM能够实现动态、集成、可视化的信息管理，模型对象与属性信息、报表数据之间存在关联，模型对象属性信息的录入、修改、删除、更新将引起与之关联的报表数据的实时更新，保证信息的动态传递。

（4）信息的共享性。BIM技术从技术层面解决了纸质文档信息流动性、共享性差的问题，以及各阶段、各参与方、各专业间的“信息断层”和“信息孤岛”问题。各参与方基于同一信息平台提取信息，减少了信息的重复录入，避免了数据的冗余、歧义和错误，从而促进了各参与方的信息共享、协同工作。

（5）信息的集成性。信息集成包括三个层面：项目产品和业务流程的信息集成、全生命周期的信息集成和管理组织的信息集成。只有实现这三个层面信息的集成，才真正符合BIM的内涵，为各参与方的项目管理提供决策支持，实现协同工作。

二、BIM在建筑工程质量管理中的价值

质量管理理论经过长期大量工程的实践检验，为建筑工程质量管理提供了清晰的思路和方法。BIM技术以其可视化、信息集成载体、协同性等内涵为建筑工程质量管理提供新的方法和工具，以技术方法的改变推动现有质量管理在思想上及工作方式上存在问题的改善，以提高建筑工程质量管理效率及建筑工程质量。

质量管理过程中，各参与方对各自的工作负责，并通过沟通协作共同对整个建筑工程负责。在质量管理过程中，各参与方的管理重点各不相同。针对建筑工程质量管理现状及各参与方质量管理工作的特点，BIM技术以其可视化、协同性、信息集成载体等优势，满足各参与方对可视化的信息表现形式、准确的信息共享与传递需求。各参与方在同一平台上进行信息的集成，避免各阶段出现信息断层和信息孤岛，保证信息的连续性及一致性，实现协同工作。在建筑工程全生命周期，应用BIM技术进行方案模拟，提前发现问题，提出解决方案并实现可视化技术交底，辅助进行资料管理、实时动态跟踪，实现各参与方的高效协同工作，从而提高建筑工程质量管理工作的可预测性和可控性。

（一）BIM技术为质量管理提供可视化的信息模型

BIM技术的可视化应用，在参数化设计、图纸会审、设计交底、虚拟施工、施工技术

交底、设计变更及质量问题可视化等质量管理工作中得到了充分地展示，使不同时间、不同构件、不同工序的质量管理工作在可视化的状态下开展，满足了精细化质量管理工作的需求。

（1）通过参数化设计，将由点线面通过制图标准表示的二维构件，转化为具有几何参数、物理特征等参数的三维实体构件，且各构件间相互关联，可视化展现设计成果。

（2）通过碰撞检查、净高检查、漫游效果展示等完成图纸会审工作，将设计问题前置，减少设计变更及施工过程中的空间碰撞，进一步深化施工图设计。

（3）通过三维信息模型辅助进行设计交底，使各参与方更好地理解设计意图。

（4）在施工准备阶段及施工阶段，对施工方案、质量控制点、预留孔洞、预埋管线、隐蔽工程、复杂节点等进行可视化虚拟施工，提前发现在施工过程中可能存在的空间及时间上的碰撞，并进行方案优化。

（5）经过虚拟施工、优化后，可生成综合管线图、暗柱、构造柱分布图、砌体排布图、节点详图、高大支模区域图、防护栏杆区域图、预留空洞图等，将施工方案、质量控制难点、复杂节点进行可视化展示，配合4D虚拟施工及动画漫游展示，降低技术人员及施工人员理解难度，保证施工方案的可行性，完成技术交底。

（6）在BIM模型上进行设计变更，及时展现模型最新变动，实现平面、立面、剖面各视图间以及构件与报表之间的联动，实现同步更新。

（7）现场的质量问题，通过图片配合文字、语音、文档等的描述，将问题按照与构件相关、与构件类型相关、与工程相关，分层级挂接并准确定位至BIM模型中，实现质量问题的可视化，提高信息传递效率。

（二）BIM技术为质量管理提供信息集成载体

BIM技术以强大的后台存储系统，包括数据层、模型层及信息应用层，为信息集成提供平台。BIM模型的构建过程，定义了构件的几何属性、物理结构属性、功能属性等基础数据，形成3D模型。随着项目的进展及3D模型的深度应用，不断丰富和完善模型中的扩展信息。设计阶段、施工准备阶段、施工阶段、竣工阶段及运营维护阶段的信息，均在3D模型的基础上不断集成，保证了各阶段信息的连续性及一致性，最终形成项目产品和业务流程的信息、全生命周期信息和管理组织信息集成的BIM模型。

（三）BIM技术为各参与方协同工作提供平台

BIM技术为各参与方提供同一信息平台。BIM模型中的信息只需一次录入、修改，即可实现自动实时更新。各参与方可在其权限范围内从不同的角度提取模型信息，保证各参与方获得信息的一致性和准确性，同时避免信息的冗余、歧义。各参与方在同一平台开展质量管理协同工作，实现高效沟通协调及信息共享，提高管理效率。

第二节　建筑工程施工过程的质量管理系统

一、建筑工程项目质量管理系统的构成

（一）质量管理系统的性质

建筑工程项目质量管理系统既不是建设单位的质量管理体系或质量保证体系，也不是工程承包企业的质量管理体系或质量保证体系，而是建筑工程项目目标控制的一个工作系统，其具有下列性质：

（1）建筑工程项目质量管理系统是以建筑工程项目为对象，由工程项目实施的总组织者负责建立的面向对象开展质量管理的工作体系。

（2）建筑工程项目质量管理系统是建筑工程项目管理组织的一个目标控制体系，它与项目投资控制、进度控制、职业健康安全与环境管理等目标控制体系，共同依托于同一项目管理的组织机构。

（3）建筑工程项目质量管理系统根据建筑工程项目管理的实际需要而建立，随着建筑工程项目的完成和项目管理组织的解体而消失，因此，是一个一次性的质量管理工作体系，不同于企业的质量管理体系。

（二）质量管理系统的范围

建筑工程项目质量管理系统的范围包括：按项目范围管理的要求，列入系统控制的建筑工程项目构成范围；建筑工程项目实施的任务范围，即由建筑工程项目实施的全过程或若干阶段进行定义；建筑工程项目质量管理所涉及的责任主体范围。

（1）系统涉及的工程项目范围。系统涉及的工程项目范围，一般根据项目的定义或工程承包合同来确定。具体来说有以下三种情况：工程项目范围内的全部工程；工程项目范围内的某一单项工程或标段工程；工程项目某单项工程范围内的一个单位工程。

（2）系统涉及的任务范围。工程项目质量管理系统服务于工程项目管理的目标控制，因此，其质量管理的系统职能应贯穿项目的勘察、设计、采购、施工和竣工验收等各个实施环节，即工程项目全过程质量管理的任务或若干阶段承包的质量管理任务。工程项目质量管理系统所涉及的质量责任自控主体和质量监控主体，通常情况下包括建设单位、设计单位、工程总承包企业、施工企业、建设工程监理机构、材料设备供应厂商等。这些

质量责任和控制主体，在质量管理系统中的地位与作用不同。承担建设工程项目设计、施工或材料设备供货的单位，负有直接的产品质量责任，属质量管理系统中的自控主体。在工程项目实施过程中，对各质量责任主体的质量活动行为和活动结果实施监督控制的组织，称为质量监控主体，如业主、工程项目监理机构等。

（三）质量管理系统的结构

建筑工程项目质量管理系统，一般情况下为多层次、多单元的结构形态，这是由其实施任务的委托方式和合同结构所决定的。

（1）多层次结构。多层次结构是相对于建筑工程项目工程系统纵向垂直分解的单项、单位工程项目质量管理子系统。在大中型建筑工程项目，尤其是群体工程的建筑工程项目中，第一层面的工程项目质量控制系统应由建设单位的建筑工程项目管理机构负责建立，在委托代建、委托项目管理或实行交钥匙式工程项目总承包的情况下，应由相应的代建方工程项目管理机构、受托工程项目管理机构或工程总承包企业项目管理机构负责建立；第二层面的建筑工程项目质量管理系统，通常是指由建筑工程项目的设计总负责单位、施工总承包单位等建立的相应管理范围内的质量管理系统；第三层面及其以下是承担工程设计、施工安装、材料设备供应等各承包单位现场的质量自控系统，或称各自的施工质量保证体系。系统纵向层次机构的合理性是建筑工程项目质量目标、控制责任和措施分解落实的重要保证。

（2）多单元结构。多单元结构是指在建筑工程项目质量管理总体系统下，第二层面的质量管理系统及其以下的质量自控或保证体系可能有多个。这是建筑工程项目质量目标、责任和措施分解的必然结果。

（四）质量管理系统的特点

建筑工程项目质量管理系统是面向对象而建立的质量管理工作体系，它和建筑企业或其他组织机构的质量管理体系有如下不同点：

（1）建立的目的不同。建筑工程项目质量管理系统只用于特定的建筑工程项目质量管理，而不是用于建筑企业或组织的质量管理，即建立的目的不同。

（2）服务的范围不同。建筑工程项目质量管理系统涉及建筑工程项目实施过程所有的质量责任体系，而不只是某一个承包企业或组织机构，即服务的范围不同。

（3）控制的目标不同。建筑工程项目质量管理系统的控制目标是建筑工程项目的质量标准，并非某一具体建筑企业或组织的质量管理目标，即控制的目标不同。

（4）作用的时效不同。建筑工程项目质量管理系统与建筑工程项目管理组织系统相融合，是一次性的质量工作系统，并非永久性的质量管理体系，即作用的时效不同。

（5）评价的方式不同。建筑工程项目质量管理系统的有效性一般由建筑工程项目管理，由组织者进行自我评价与诊断，无须进行第三方认证，即评价的方式不同。

二、建筑工程项目质量管理系统的建立

建筑工程项目质量管理系统的建立，实际上就是建筑工程项目质量总目标的确定和分解过程，也是建筑工程项目各参与方之间质量管理关系和控制责任的确立过程。为了保证质量管理系统的科学性和有效性，必须明确系统建立的原则、程序和主体。

（一）建立的原则

实践经验表明，建筑工程项目质量管理系统的建立，应遵循相关原则，这些原则对质量目标的总体规划、分解和有效实施控制有着非常重要的作用。

（1）分层次规划的原则。建筑工程项目质量管理系统的分层次规划，是指建筑工程项目管理的总组织者（建设单位或项目代建企业）和承担项目实施任务的各参与单位，分别进行建筑工程项目质量管理系统不同层次和范围的规划。

（2）总目标分解的原则。建筑工程项目质量管理系统的总目标分解，是根据控制系统内建筑工程项目的分解结构，将建筑工程项目的建设标准和质量总体目标分解到各个责任主体，明示于合同条件，由各责任主体制订相应的质量计划，确定其具体的控制方式和控制措施。

（3）质量责任制的原则。建筑工程项目质量管理系统的建立，应按照有关工程质量责任的规定，界定各方的质量责任范围和控制要求。

（4）系统有效性的原则。建筑工程项目质量管理系统，应从实际出发，结合项目特点、合同结构和项目管理组织系统的构成情况，建立项目各参与方共同遵循的质量管理制度和控制措施，形成有效的运行机制。

（二）建立的程序

建筑工程项目质量管理系统的建立过程，一般可按以下环节依次展开工作：

（1）确立质量管理网络系统。明确系统各层面的建筑工程项目质量管理负责人。一般应包括承担建筑工程项目实施任务的项目经理（或工程负责人）、总工程师，项目监理机构的总监理工程师、专业监理工程师等，形成明确的建筑工程项目质量管理责任者的关系网络架构。

（2）制定质量管理制度系统。建筑工程项目质量管理制度包括质量管理例会制度、协调制度、报告审批制度、质量验收制度和质量信息管理制度等。这些应做成建筑工程项目质量管理制度系统的管理文件或手册，作为承担建筑工程项目实施任务的各方主体共同

遵循的管理依据。

（3）分析质量管理界面系统。建筑工程项目质量管理系统的质量责任界面，包括静态界面和动态界面。静态界面根据法律法规、合同条件、组织内部职能分工来确定。动态界面是指项目实施过程中设计单位之间、施工单位之间、设计与施工单位之间的衔接配合及其责任划分，这必须通过分析研究，确定管理原则与协调方式。

（4）编制质量管理计划系统。建筑工程项目管理组织者，负责主持编制建筑工程项目总质量计划，并根据质量管理系统的要求，部署各质量责任主体编制与其承担任务范围相符的质量管理计划，并按规定程序完成质量计划的审批，作为其实施自身工程质量管理的依据。

（三）建立的主体

按照建筑工程项目质量管理系统的性质、范围和主体的构成，一般情况下其质量管理系统应由建设单位或建筑工程项目总承包企业的建筑工程项目管理机构负责建立。在分阶段依次对勘察、设计、施工、安装等任务进行分别招标发包的情况下，通常应由建设单位或其委托的建筑工程项目管理企业负责建立建筑工程质量管理系统，各承包企业根据建筑工程项目质量管理系统的要求，建立隶属于建筑工程项目质量管理系统的设计项目、工程项目、采购供应项目等质量管理子系统，以具体实施其质量责任范围内的质量管理和目标控制。

三、建筑工程项目质量管理系统的运行

建筑工程项目质量管理系统的建立，为建筑工程项目的质量管理提供了组织制度方面的保证。建筑工程项目质量管理系统的运行，实质上既是系统功能的发挥过程，也是质量活动职能和效果的控制过程。然而，建筑工程项目质量管理系统要有效地运行，还依赖于系统内部的运行环境和运行机制的完善。

（一）运行环境

建筑工程项目质量管理系统的运行环境，主要是从下述几个方面为系统运行提供支持的管理关系、组织制度和资源配置的条件。

（1）工程合同的结构。工程合同是联系建筑工程项目各参与方的纽带，只有在建筑工程项目合同结构合理、质量标准和责任条款明确，并严格进行履约管理的条件下，建筑工程项目质量管理系统的运行才能成为各方的自觉行动。

（2）质量管理的资源配置。质量管理的资源配置包括：专职的工程技术人员和质量管理人员的配置；实施技术管理和质量管理所必需的设备、设施、器具、软件等物质资源

的配置。人员和资源的合理配置是建筑工程项目质量管理系统得以运行的基础条件。

（3）质量管理的组织制度。建筑工程项目质量管理系统内部的各项管理制度和程序性文件的建立，为建筑工程项目质量管理系统各个环节的运行，提供了必要的行动指南、行为准则和评价基准的条件，是系统有序运行的基本保证。

（二）运行机制

建筑工程项目质量管理系统的运行机制，是由一系列质量管理制度安排所形成的内在能力。

运行机制是建筑工程项目质量管理系统的生命线，机制缺陷是造成系统运行无序、失效和失控的重要原因。因此，在设计系统内部的管理制度时，必须予以高度的重视，防止重要管理制度的缺失、制度本身的缺陷、制度之间的矛盾等现象的出现，才能为系统的运行注入动力机制、约束机制、反馈机制和持续改进机制。

（1）动力机制。动力机制是建筑工程项目质量管理系统运行的核心机制，它来源于公正、公开、公平的竞争机制和利益机制的制度设计或安排。这是因为建筑工程项目的实施过程是由多主体参与的价值增值链，只有保持合理的供方及分供方等各方关系，才能形成合力，这是建筑工程项目成功的重要保证。

（2）约束机制。没有约束机制的控制系统是无法使建筑工程项目质量处于受控状态的，约束机制取决于各主体内部的自我约束能力和外部的监控效力。约束能力表现为组织及个人的经营理念、质量意识、职业道德及技术能力的发挥；监控效力取决于建筑工程项目实施主体外部对质量工作的推动、检查和监督。二者相辅相成，构成了建筑工程项目质量管理过程的制衡关系。

（3）反馈机制。运行状态和结果的信息反馈是对建筑工程项目质量管理系统的能力和运行效果进行评价，并及时做出处置和提供决策的依据。因此，必须有相关的制度安排，保证质量信息反馈的及时和准确，坚持质量管理者深入第一生产线，掌握第一手资料，才能形成有效的质量信息反馈机制。

（4）持续改进机制。在工程项目实施的各个阶段，不同的层面、不同的范围和不同的主体之间，应使用PDCA循环原理，即计划、实施、检查和处置的方式开展建筑工程项目质量管理，同时必须注重抓好控制点的设置，加强重点控制和例外控制，并不断寻求改进机会、研究改进措施。这样才能保证建筑工程项目质量管理系统的不断完善和持续改进，不断提高建筑工程项目质量管理能力和控制水平。

第三节　BIM在建筑工程质量管理中的应用

一、BIM在建筑工程质量信息管理中的应用

信息管理是基于BIM开展质量管理工作的前提。基于BIM的质量信息管理旨在通过信息的集成、存储、共享、应用，实现质量管理各阶段、各组织、各专业之间的信息管理，并通过质量管理信息的优化与协调一致，来辅助和优化全面质量管理各活动之间的联系，从而提高建筑工程全面质量管理活动的总价值。

（一）质量信息集成

BIM实现管理的支撑是数据集成平台，因此，数据集成质量直接影响下游质量管理工作以及BIM价值的实现。分阶段、分布式的信息管理易造成信息断层、信息孤岛，切断了信息间的联系，且会出现大量冗余，无法保证信息的连续性和一致性，严重阻碍各参与方质量管理活动中信息的有效共享及协同。因此，开展BIM在建筑工程质量管理中的应用重点，是实现三个层面的信息集成与管理：工程产品及质量管理业务信息、全生命周期过程的信息、各参与方管理组织的信息。

1.工程产品信息及质量管理业务信息集成

在建筑工程全生命周期，随着各项工作业务的开展，形成信息流，且信息与工作之间具有关联性，每项工作均不独立，需要获取一定的信息作为基础，并在工作过程中形成新的质量信息。基于此，为了实现下游阶段能够从上游直接获取全面的信息以支持质量管理工作，信息的集成需要进行通盘考虑、全局规划，为满足质量管理的持续改进，实现产品信息及质量管理业务活动信息的集成，为BIM质量管理大数据的形成提供条件。

建筑工程质量管理数据包含两个方面：第一，对建筑产品的描述信息；第二，对各参与方质量管理业务活动的描述信息。按照建筑工程质量管理的业务需求，建筑产品属性应具备产品几何信息（类型、形状、长、宽、高、构件间的连接方式、节点详图、钢筋布置图等信息）、技术信息（材料、材质、技术参数等）、产品信息（供应商、产品合格证、生产厂家、生产日期、价格等信息）、建造信息（施工单位、施工班组、班组长、建造日期、使用年限等）、维保信息（保修年限、维保频率、维保单位、联系方式等）等。

建筑工程质量管理业务流程的信息化以工程资料的形式呈现。建筑工程资料是承载工程项目全生命周期各项业务活动的重要实践凭证和原始记录，是按照国家法律、法规、规章和规范、标准的要求对工程实施过程进行管理和记录的。在质量管理业务活动中各参与方依法建设、开展质量管理工作以及新技术应用等方面形成的原始记录，是反映建筑工程

质量的重要资料，对推动下游质量管理工作的开展及质量责任的回溯追究有着重要作用。

按照建筑工程质量形成过程，将质量管理资料分为：决策立项文件、建设用地文件、勘察设计文件、招投标及合同文件、开工文件、商务文件、工程管理资料、工程技术资料、施工进度及造价资料、工程物资资料、施工记录、施工试验记录及检测报告、施工质量验收记录、竣工验收资料、竣工图、竣工验收文件、竣工决算文件、竣工交档文件、竣工总结文件、运营维护文件等。质量管理活动中，按照业务流程及集成工程资料，通过资料标签的设置，将各类资料有序分类，实现全生命周期的资料管理。

工程产品实体信息与质量管理业务信息的集成，全面反映了建筑工程质量，形成了BIM全信息模型。

2.管理组织信息集成

管理组织信息集成的核心是协同工作。建筑工程质量管理涉及建设单位、监理单位、勘测单位、设计单位、施工单位、分包单位、供应商、运营商等管理组织，还包括政府、咨询机构等。目前，各参与方之间缺乏及时有效的沟通平台，不利于充分发挥各参与方的管理水平，且易造成建筑工程整体利益的损失。基于BIM的质量信息管理，归根结底需要各管理组织实现质量信息的集成，并在此基础上实现协同工作。为了保证基于BIM信息集成的质量，必须明确各管理组织在质量信息集成中的职责权限及质量信息的集成方法。

为实现基于BIM的信息管理，需要制定各管理组织的职责权限来保证信息集成工作的质量。质量信息的收集由各参与方、各专业相关人员共同参与，各参与方在其职责和权限范围内及时将各项业务活动的重要实践凭证和原始记录与BIM模型关联，实现模型信息的实时更新。在BIM软件平台中，主要的用户包括管理员用户、设计方用户、施工方用户、监理方用户、供应商用户、运营方用户。BIM模型的构件属性信息以及与其他软件进行数据交换形成数据，为结构化数据。这类数据在模型创建期间就已经形成，随着项目的推进，只需根据项目的实际情况进行更新、修改及管理。

项目全生命周期中，文本文档数据、图像、视频及音频等非结构化数据是项目的主要数据源，这类数据属于外部资料，量大且文档类型复杂，需要各参与方通过移动客户端或WEB端进行外部资料与BIM模型关联，实现资料管理。根据资料描述对象的范围，选择与构件、构件类型或工程相关，实现资料的关联范围界定；按照资料的类型，选择资料标签，实现对非结构化数据有序地收集与集成。

各管理组织按照职责权限要求，完成结构化及非结构化数据的集成，形成的BIM数据可供下游各参与方提取、共享，从而推动各组织的协同工作。

3.全生命周期信息的集成

全生命周期信息的集成，需要各管理组织在其职责权限范围内，进行工程产品信息及质量管理业务信息的集成，保证全生命周期各阶段质量生产活动及其辅助活动之间的联系，并使其保持优化及协调一致，防止信息流失和信息断层，采用系统的过程方法为质量管理提供支持，并辅助当前及下游质量管理活动，以提升全生命周期质量管理活动的总价值。

（二）质量信息存储

BIM的数据支撑是工程数据库。BIM数据库将集成的信息存储于后台数据库，并依据数据类型的不同实施分类存储。BIM模型中的结构化数据又分为结构化模型数据和结构化文档数据。BIM数据库将存储于其中的结构化文档及结构化模型数据经过一系列数据交换处理后存储于关系型数据库中。

结构化模型数据需要经过模型解析器，生成对象模型数据。由于关系型数据库是基于关系模型建立的，因此需要建立对象模型与关系模型之间的映射关系，实现结构化模型数据在关系型数据库中的存储。结构化文档在BIM数据库中采用XML（可扩展标记语言）技术进行存储，以此来实现不同软件间定义的、存储在其相应的关系型数据库中实体属性和关系属性的数据交换。非结构化数据存储于文本数据仓库，并最终存储于BIM数据库中，同时文本数据仓库通过关系实体与关系型数据库建立关联关系。质量管理过程中，模型应用及信息管理均基于BIM数据库展开，BIM数据库为信息的共享及应用提供数据支持。

（三）质量信息共享

基于 BIM 的信息集成和存储的核心是实现过程管理和信息共享。信息共享不仅是跨组织、跨专业、跨阶段进行协同工作的需要，也是保证建筑工程有序建设的重要前提。基于BIM的建筑工程质量信息共享，可以有效促进各参与方、各专业协同工作，提高工作效率。

各参与方在各阶段的协同工作流中，在完成数据集成的同时，可以实现以下四个方面的数据应用：①根据信息使用权限，通过移动客户端或WEB端获取BIM模型信息，实现对现场的实时监控管理；②实时接收、查看BIM数据库中更新消息的推送，提高项目管理者获取最新信息的敏锐力；③可以按照材料、构件、构件类型、工程等的名称、标签进行数据的检索、下载和调用等；④在模型及数据的基础上进行模型的深化应用。

综上所述，基于BIM的质量信息管理，是运用BIM模型进行全面质量管理的基础。通过对构件对象的属性信息及质量管理业务流程信息的全局规划，使其满足各阶段、各管理组织、各项管理业务的需求。在此基础上，规定了各管理组织信息集成的职责权限及信息集成的实现方法，以实现全生命周期信息的集成。通过对BIM数据库的描述，明确信息存储方法，并提出质量管理中BIM应用系统架构，为各参与方在全生命周期质量管理中，实现信息的集成、存储、共享及协同工作厘清思路。

二、BIM在建筑工程全过程质量管理中的应用

建筑工程全生命周期是指建筑工程项目从规划设计到施工，再到运营维护，直到拆除为止的全过程，涵盖了建筑工程的质量价值从规划、形成到价值传递，并最终退出建筑市场的全过程。质量管理全过程中，由于各阶段参与方不同，且部门、专业间协同难度大，信息断层和信息孤岛的存在，削弱了管理者对信息的掌控能力，使建筑工程质量得不到实质性的提升。

BIM技术在建筑工程质量管理方面的价值，涵盖全生命周期，旨在优化质量管理活动及其活动之间的联系，从而提升建筑工程质量。因此，以下从全过程的角度出发，应用BIM技术提升建筑工程质量及质量管理效率的方法。

（一）设计阶段

建筑工程设计是知识加工与综合的过程，交付成果是以工程图纸及计算书为载体的智力成果，是工程质量目标的具体化。从方案设计、初步设计至施工图设计的完成，是一个循序渐进、逐步细化的过程，需要各参与方、各专业的信息及知识有效交汇和传递，才能最大限度地提高设计质量。BIM平台可为各参与方、各专业提供协同设计平台，真正做到“你见即我见”，基于BIM的建筑工程设计采用基于构件对象的参数化设计，可以进行建筑性能模拟分析，提高设计的合理性和经济性，为施工及运行维护阶段的质量管理奠定基础。“BIM技术具有模拟性特点，积极地对于设计方案进行优化。”[①]

建筑工程设计包括三个阶段的工作：方案设计阶段、初步设计阶段与施工图设计阶段，各阶段的工作环环相扣。方案设计是通过场地分析、对各种结构类型进行建筑性能模拟分析，完成方案的比选，确定结构选型；初步设计阶段是在方案设计的基础上进行建筑、结构的设计，并进行结构内力分析，保证满足项目的质量要求及标准；施工图设计阶段完成各专业模型的构建，并对建筑空间合理优化，使其符合质量要求和标准，并满足建设方对项目功能的需求，以及各参建方对施工图纸可施工性的要求。

主体结构质量问题文本挖掘的结果显示，施工阶段常见的质量问题，如钢筋节点复杂导致施工困难，出现钢筋缺失、损坏等现象；构件尺寸标注不明；平面、立面、剖面及明细表中信息不一致；未按图纸施工等造成的质量问题，均可通过精细化的规划设计予以解决，因此从规划设计阶段介入，将质量问题前置，开展全过程的质量管理。

基于BIM的建筑工程设计全过程，主要有三个方面的优势：①采用基于构件的参数化设计，赋予构件名称、几何尺寸、材料信息、力学性能等定量化属性信息以及构件间的关联关系，保证了BIM模型的完整性、数据的一致性及信息的关联性，同时使BIM模型具有

---

①柳治交.BIM技术在当前绿色建筑设计过程中的应用实践[J].四川水泥，2019（11）：122.

可计算性；②各参与方、各专业以BIM模型为载体协同工作，并基于可视化的模型进行沟通、协调，淡化了设计阶段各专业间清晰的工作界面，克服了各专业无法及时提取其他专业的中间设计成果而不得不采用分段、有序的串联的工作方式；③可视化的优势无论在确定建筑物与周围环境的联系、场地总平面空间布置、建筑物的空间方位、立面效果，还是建筑内部空间场景，均能迅速得到与实际情况匹配的空间立体场景，便于跨越专业界限，实现各参与方充分有效地沟通。基于这三个方面优势开展设计工作，将大大提高设计阶段的沟通协调效率，保证设计质量。

1.方案设计阶段

方案设计阶段为保证结构选型能充分满足项目功能需求、质量标准及要求，利用BIM技术进行场地分析、建筑性能分析，从多角度进行项目方案的比选。

建模完成后，上传至网络，可以实现工程项目的快速准确定位，查看项目周围自然环境及已有的建筑、道路、地形等人文环境信息；以可视化的方式模拟场地与周围环境的交互，合理组织拟建建筑物与场地外的交通流线；利用BIM软件与其他软件的集成，对场地使用条件和特点（如方向、高程、纵横断面、等高线、填挖方量）等进行定量分析，并与周围环境相协调的基础上，进行场地内建筑总平面规划，完成建筑定位。

按照建筑布局的总平面规划，快速构建建筑及其所需设备的BIM模型，并结合专业分析软件完成对建筑物性能的定量模拟分析，根据可视化、可靠的分析结果，进一步修正与优化建筑设计图纸，提高建筑物的整体性能。

通过对多个方案进行可视化的三维显示，输出定量指标，使各参与方在充分了解方案意图的基础上，进行方案比选，高效决策。

2.初步设计阶段

初步设计阶段基于BIM的建筑工程质量管理。①以方案设计阶段完成的建筑设计模型为基础，配合结构设计，并对建筑、结构模型反复推敲完善，完成建筑及结构设计的模型；②在定义构件的建筑、结构属性信息的同时，定义构件间的关联关系，使得基于模型生成的模型本身、平面、立面、剖面、节点详图等相关视图以及各种明细表间具有关联性，模型的修改将使其他视图及明细表自动更新，保证设计图纸的一致性，降低因设计不一致产生的质量风险；③基于参数化设计的建筑、结构模型，便于进行技术、经济指标的测算，实现面积统计表的快速精准统计，保证设计成果满足项目功能。

3.施工图设计阶段

施工图设计阶段应能完整表达建筑工程的设计意图及设计成果，其精细程度应能满足下游施工的要求，各构件的位置、尺寸等属性信息的表达应唯一且精确无误。施工图设计阶段是对初步设计阶段的建筑、结构设计模型的进一步深化，在其基础上进行电气、暖通、给排水等专业的设计，完成全专业模型的构建。模型构建完成后，应对模型的完整性、合法性进行检测，以保证模型的精确性。

基于BIM开展设计工作，显著提高设计工作效率，保证设计工作质量，同时为下游施工阶段的质量管理提供精准完备的设计模型，最大限度地发挥BIM在建筑工程质量管理中的应用价值。

（二）施工准备阶段

施工准备阶段质量管理工作的重点包含两个方面：第一，充分理解设计意图；第二，制订并优选施工方案，实现对施工过程中的质量策划。施工阶段存在大量的不按设计图纸、施工方案施工，其直接原因就是施工准备阶段质量管理工作不充分。基于BIM开展施工准备阶段的质量管理，主要从图纸会审与设计交底、施工方案模拟、优化与交底、质量、进度、成本多目标综合管理、预制构件加工等方面辅助提升管理工作质量。

1.图纸会审与设计交底

图纸会审与设计交底的最终目的是充分理解设计意图，对图纸中的问题进行梳理并优化，找出施工中的技术难题，并提出解决方案。传统的图纸会审与设计交底，需要建设单位、监理单位、施工单位、设计单位、勘察单位共同对设计图纸进行研究，耗费了大量的人力、物力，但图纸会审与设计交底是基于二维施工图纸，无法直观地查看与理解图纸，必然存在未被发现的设计问题，直到施工阶段发生矛盾时，各参与方临时召开紧急会议，同设计沟通，寻求解决方案。而且过程漫长且会造成一定的损失，影响建筑工程质量及建设工期。

基于设计阶段形成的BIM模型进行图纸会审及设计交底，从设计图纸的源头就降低了图纸问题出现的可能；设计方以三维立体模型辅助展示设计成果，并讲解技术难点，使各参与方能够更加直观地理解设计意图，方便沟通与决策，提高工作效率，完成从设计到施工阶段的成果交付。

2.施工方案模拟、优化与交底

传统的施工组织设计及施工方案的制定，以二维施工图纸为基础，依据施工经验识别出质量控制点并提出预防措施，撰写相应的施工方案。施工方案的制订依据项目管理者的工作经验且主观性强，常常出现由于方案制订阶段对施工进度计划、现场周围环境等了解得不够充分、考虑得不够全面，造成施工方案与现场情况不一致，无法指导现场施工；此外，由于施工方案以纸质形式存档，可视化及可理解性低，特别是复杂部位的施工，难以清晰表达，因此造成施工方案的细节容易被忽略，造成信息的丢失。

（1）基于BIM和大数据的施工组织设计及施工方案的制定，以海量质量问题的文本挖掘结果为基础，结合项目实际情况，辅以4D施工方案模拟，发现施工质量管理的重点、难点问题，制定质量管理清单，并反复验证、优化施工方案。

（2）质量控制点的设置。通过对各项目质量问题的持续收集、存储、文本挖掘，不断更新与升级质量管理清单库。根据拟建项目的结构类型，调用同类型项目各分部分项工程的质量问题清单，并以其为模板，按照项目的具体情况，在所选的模板上进行增减，从而完成质量控制点的初步设置。在4D施工方案模拟的过程中，注重初步质量控制点的模拟仿真，并查找建造过程中施工的重点及难点，及时补充、完善初步设定的质量控制点，使施工方案更符合工程实际，施工阶段的建筑工程质量管理更可控。

（3）4D施工方案模拟、优化与交底。依据初步设定的多个施工方案，在鲁班SP中，将施工进度计划与BIM模型中的构件关联，形成4D模型，进行建筑工程施工方案的模拟。通过4D施工模拟，可直观地查看以建筑工程构件为单位、施工工序为基础的动态虚拟施工过程，及时发现施工过程中各专业交叉作业在空间上及时间上的矛盾，反复验证并及时调整施工方案使其更加经济、合理，为方案优选提供决策支持。针对各施工工序以及施工的重点、难点部位，以动态、可视化的方案模拟向各参与方及现场施工人员进行技术交底，保证各方全面了解施工方案，并掌握施工工艺及方法。

3.质量、进度、成本多目标综合管理

质量管理、进度管理、成本管理三大项目管理目标之间存在着对立统一关系，质量管理、成本管理均是以进度的推进而展开。通过施工进度计划与3D模型构件的关联，形成4D项目管理模型，在此基础上开展成本管理及质量管理，实现多目标的优化及综合管理。通过4D模型输出各阶段所需的人、材、机等资源需求计划，从源头出发，对影响建筑工程质量的人员、材料、机械设备等因素进行控制，合理安排人员、材料、机械设备进场，并制订各种资源的质量检测计划。

4.预制构件加工

施工方案制订完成后，需要按照进度计划安排各种人员、材料、机械设备进场，由于预制构件属于定制式，制作周期较长，因此，需在施工准备阶段完成预制构件加工。经过设计交底及施工方案模拟，供应商对以参数化设置的预制构件的型号、形状、尺寸、材质、性能以及施工过程有了清晰的了解，便于供应商按照深化设计图纸要求，精确制作，并满足施工进度需求；此外，基于BIM的信息沟通平台，以其可视化的优势，能够及时将更新的设计信息传递至供应商，保证预制构件满足施工要求。

施工准备阶段只有保证施工图纸的精细度、施工方案的合理性、项目管理目标的均衡

性，才能对建筑工程质量管理起到良性推动作用。

（三）施工阶段

施工阶段是设计阶段的智力成果、施工准备阶段施工方案物化形成工程实体的过程，是建筑工程质量价值形成的环节。但现有的一套完整的质量管理理论和方法，往往在实践中无法得到全面地贯彻执行，使得工程质量得不到实质性的提升。基于BIM和大数据的建筑工程质量管理，从思想上、技术上解决这一问题。施工过程中，基于文本挖掘的结果并结合BIM技术，开展质量策划、质量控制、质量保证及质量改进工作。按照施工准备阶段制定的方法及措施，照图施工，严格控制质量影响因素的源头和工程实体形成的过程，重视施工过程质量信息的收集、存储，为质量改进提供可靠的数据基础。

1.从源头控制质量影响因素

4D-BIM模型输出各阶段资源使用计划为资源供给提供决策依据。

（1）按照人员需求合理安排各参建方进场，并将其资质证书、质量保证体系以及须持证上岗的人员资格证书等资料上传至BIM模型。以4D-BIM模型为载体，将质量控制点及施工工艺以直观易懂的方式对各工种进行岗前培训及技术交底；明确各参与方、各岗位的质量责任（参与方/岗位/职责/责任人）及奖惩制度，提高其质量责任意识，降低由于质量责任意识薄弱导致质量问题的风险；施工中落实各工序自检、互检、交接检的“三检”制度。对各岗位的技术交底、质量责任制以及质量检验等都要形成真实可靠的记录，按照构件、构件类型、工程相关分级有序挂接至BIM模型。

（2）材料与设备的采购、进场检验、保管与领取、使用的全过程，只有实现精细化管理，才能保证建筑工程质量。材料、设备管理过程中，依据4D-BIM模型输出各阶段资源需求计划，综合考虑各项目的需求，制订材料、设备的采购计划。在企业数据库中选取优质的供应商，从采购源头保证材料设备质量。材料设备进场，应按照规范要求由责任人负责检查验收，并将材料、设备的规格型号、技术参数、供应商、质检员、对应的构件部位等验收资料，挂接至BIM模型。材料仓库管理员按照项目进度计划，合理安排库存，依据各阶段的工程量，并结合消耗量指标，有理有据地执行限额领料。材料加工阶段，按照设计及施工规范要求，完成材料加工。材料、设备的安装应严格按照图纸及模型要求，精确定位、可靠安装。做到施工完毕，资料归集完成，保证模型信息与现场质量管理业务流程同步。

2.施工过程质量管理的实时动态跟踪

施工阶段质量管理的重点是过程控制、实时跟踪，对发现的质量偏差，分析原因，并及时采取措施进行质量控制。基于BIM平台的施工过程质量管理，实现各参与方对模型信息的快速获取以及高效沟通协作，同时完成质量管理过程信息的收集、存储，为质量策划、质量控制、质量保证以及质量改进的全过程提供决策支持。

（1）模型信息提取。现场质量管理以及时有效的信息为基础。文本挖掘结果显示，不按变更图纸施工、质量整改要求未得到及时响应等，均是由于信息更新不及时产生的质量风险。BIM模型能够实现对构件的属性信息、报表数据、外部资料的检索及可视化显示。在质量管理过程中，各参与方不断更新项目管理信息，通过移动客户端iBan、BV及WEB端，均能查看最新的模型信息。此外，现场质量管理人员也可以通过客户端及WEB端获得模型更新动态的通知，更加清晰地掌控施工进度及质量管理状态。现场管理人员可随时查看各构件信息、正在进行的协作、构件状态（进行中、已完成等）、构件资料等，从而提升项目管理人员对现场质量的掌控力。

（2）质量检查及信息反馈。通过对BIM模型信息的提取，对正在施工及已经完成的工序，参照模型信息、施工规范、质量验收规范进行实时对比分析，对符合质量标准要求的，及时上传施工质量验收记录，对不满足质量标准要求的，进入协作程序。按照质量问题的影响范围，选择与构件相关、与构件类型相关或与工程相关，对质量问题可通过文字、语音、图片、文本文档多种形式进行描述，并指定协作的相关人（相关人既可以是企业内部管理人员，也可以是其他参与方的项目管理人员），可通过分享选项，以微信、短信的形式和BIM协作通知的双重方式提醒各相关人，提请相关人协作解决，完成创建协作的过程。创建完成的协作还可以根据项目的实际进展进行编辑、添加更新，及时把最新的动态通知给各相关人。各相关人通过其客户端，查看待整改协作的通知，根据问题的描述，做出相应的响应，并将决策信息通过添加更新的方式予以回应。

此外，质量信息的描述应完整全面，便于从更多的维度进行分析，发现质量问题的发生规律，为该项目的质量改进以及今后项目的质量策划工作提供数据支撑。

基于BIM进行施工质量管理，能够有效地跟踪、引导现场施工，实时获取现场施工情况，对存在的问题及时高效沟通，满足质量管理对信息的时效性要求，大大提高质量管理效率，从而提升建筑工程质量。

3.BIM在施工阶段质量管理中的应用点

建筑工程由于体量大、参与方多等原因，项目管理者在质量管理的过程中常常力不从心，被动地进行以问题为导向的质量管理，无法实现精细化管理，造成质量问题频出。文本挖掘结果中显示出的：复杂节点施工粗糙，无法满足质量要求；现场施工精度不足，如构件定位错误或偏差、钢筋下料不精确、砌体排布通缝、钢结构制作安装不精细；洞口漏设导致在完成的现浇结构上开洞；未按设计变更执行；未照图施工等的细节问题，成为企业提升服务质量的一大障碍。而企业要想提升其行业竞争力，就必须实现精细化管理。施工过程中，BIM技术可通过以下几个方面，推动精细化管理的实施：

（1）复杂节点详图管理。复杂节点的交底、施工及质量验收，是质量管理的重点及难点，常常由于节点施工管理不到位，导致现场混乱、返工。BIM平台可以实现对复杂部位、节点部位输出节点详图、剖面图，并以图钉的形式连接至模型中，进行模型的补充，移动客户端可通过节点命令，查看节点详图，实现对施工细节的把控。

（2）钢筋下料。钢筋工程常见的质量问题是钢筋接头的位置、数量、钢筋断料长度、接头质量等不符合规范要求，严重影响结构安全与工程质量。究其原因与钢筋下料有关，因此应严格执行钢筋翻样的复核，优化钢筋断料，在提高钢筋利用率的同时，降低由于下料不合理而引发的钢筋接头过于集中、钢筋连接错误、锚固长度不足等质量风险。

钢筋下料软件集成了平法系列图集、结构设计规范、结构验收规范、钢筋施工工艺等，能够实现钢筋下料的优化，可按照楼层、部位生成料单，方便进行钢筋的加工、保管、领料及安装。此外，还可进行钢结构与钢筋之间的碰撞检查，对钢结构与钢筋的碰撞点按照设计要求进行打断、绕弯、穿过等处理，细化钢筋与钢结构之间的连接。以三维节点详图辅助指导现场钢筋施工，在增加可施工性的同时，保证工程质量，提高工作效率、节约成本。

（3）图纸设计说明可视化。图纸设计说明通常是对图纸中的技术标准、质量要求等的具体说明，由于无法采用二维的线型、符号等进行表示，选择用文字加以说明，但在实际的施工方案及施工过程中，常常被忽略，如构造柱、洞口、砌体排布等的说明。文本挖掘结果显示，构造柱及洞口漏设、缺失；砌体排布通缝、混砌；墙内拉筋缺失、马牙槎设置不规范等问题频出，BIM技术能够以可视化方式表达图纸设计说明及标准规范，来指导施工，进而保证工程质量。

1）构造柱及马牙槎的可视化显示。构造柱漏设影响结构安全，鲁班BIM系列软件可按照设计图纸及规范要求实现对构造柱的智能布设，并可显示马牙槎的样式，而且可以将自动生成的构造柱输出平面布置图，实现构造柱的定位，减少构造柱漏设、马牙槎设置错误的发生。

2）砌体排布。BIM可生成砌体的排布模型，通过改变砌体的主规格及辅助规格，不断优化排布。并为每个砌体编码，生成各种砌体用量报表，可根据材料用量合理安排采购。此外，可按楼层输出用量表，减少二次搬运。也可实现对砌体加强带、构造柱、门框柱及砌块排布的可视化交底，减少返工。

3）洞口留设精准定位及防护栏杆的布设。洞口预留错误或漏设，将引起返工，影响现浇结构的表观质量及结构安全，必须采取措施加以预防。鲁班BIMWorks通过机电管线与建筑、结构专业的全专业模型综合，并进行碰撞检查，通过碰撞检查输出管线与结构间的碰撞结果，针对具体情况，提请设计单位确定图纸优化或留设洞口。对于需要进行留设洞口的情况，可将预留空洞的部位、涉及的构件、位置等信息以Word形式导出。利用文档及三维模型可视化交底，避免造成遗漏；当确有遗漏，也可为后期开孔提供定位依据。还可实现对洞口的自动识别，并生成防护栏杆，提供防护栏杆材料用量表，在保障施工安全的同时提高管理质量。

（4）设计变更。设计变更在建筑工程施工中不可避免，但由于其变更流程复杂且周期长，往往会造成图纸管理混乱、设计变更不能及时更新的情况。此外，设计变更信息沟通存在障碍，容易造成现场施工无法及时落实，导致返工。

BIM可通过创建协作的方式，提请设计单位作出变更并将设计变更的通知发送到各相关人。将设计变更及时反映到模型中，并保证模型、平面、立面、剖面、明细表保持一致，从真正意义上做到协同修改，降低设计变更的工作难度。

基于BIM开展施工阶段质量管理，有利于推动各工序的精细化施工及管理，从源头加强把控，实现施工过程的动态跟踪掌控，有效提高质量管理效率以及对质量管理的掌控力，保证工程质量。

（四）竣工阶段

竣工验收是施工过程质量管理的最终环节，属于事后控制的范畴。竣工阶段是对设计及施工阶段质量成果的验收，通过工程实体及工程资料两个方面内容的检查验收，完整反映建筑工程最终的产品质量，并将最终产品交付下游运营维护阶段。

建筑工程建设的全过程，分部分项工程交接多、中间产品多、隐蔽性大，造成终检局限性大，此外建筑工程自身体量大且参建方多，造成事后质量控制难度高，因此，采用工程实体检验结合工程资料验收，实现对建筑工程最终产品的竣工验收。但由于验收和交付程序复杂，从规划设计到竣工验收时隔久远，质量信息的收集汇总、传递、审核工作难度大，造成工程竣工验收周期长、工作效率低；甚至发生竣工验收不充分，无法全面反映建筑工程最终产品的实际情况，导致建筑工程在运营维护直至改造拆除的过程中管理难，责任追究更难，严重影响建筑工程的整体效益。

BIM技术实现现场施工过程与虚拟建造过程的同步，工程实体建造与信息归集的同步。从设计阶段交付的BIM模型，按照施工进度更新维护，形成BIM竣工模型，不仅可用于工程实体的检查验收，还可导出质量信息资料供资料验收使用，同时形成的建筑工程完整信息模型，可进一步交付运营维护阶段使用，实现BIM全生命周期的价值。

（1）辅助工程实体检查验收。从设计模型交付，随着工程进度的推进，集成图纸会审、设计变更、工程洽商（包括技术核定）及施工资料等信息，最终形成BIM竣工模型，实现对建筑工程实体的信息化表示。在竣工质量检查，组织专项验收的过程中，应用可视化的BIM竣工模型与工程实体比对，直观地查看建筑工程实体，不仅可用于对建筑工程的使用功能、整体质量的掌控，也可用于对局部、细节部位的校核、检查验收。

（2）质量信息资料管理。质量信息资料是在设计阶段、施工过程及质量验收环节留下的完整的质量记录。检验批是建筑工程质量管理及质量验收的基本单元，在建筑工程质量形成过程中，以检验批为单位形成的完整的施工操作依据及质量检查记录，涉及结构安全、节能、环境保护和主要使用功能的地基基础、主体结构和设备安装分部工程等的见证取样试验或抽样检测记录，以及观感质量验收记录等，共同反映建筑工程最终的产品质量。在竣工验收阶段需要完成工程资料检查，并向规定的部门移交，办理工程的竣工备案及移交手续，整个过程程序繁杂。由于资料时隔时间长，过程资料收集管理不严格，经常出现工程实体与工程资料信息不一致、资料信息不完备的情况，以及纸质资料不便检索、查阅的弊端，严重影响建筑工程竣工验收阶段的工作效率，从而增加建筑工程运营维护及改造拆除阶段的难度。

基于BIM的质量信息管理，将资料与模型关联，实现设计阶段、施工阶段及竣工验收阶段质量资料的分类分级有序归档，且方便检索、查阅，实现对质量资料的精细化管理，为质量改进提供依据。

竣工验收阶段，需核查BIM模型中信息资料的有效性及完备性。在保证信息资料有效、完备的基础上，按照质量验收阶段的要求，导出需交付的资料，并将BIM竣工模型整理交付至下游运营维护阶段，保证各阶段信息的共享与传递。

（五）运营维护阶段

建筑工程质量管理以各参与方满意为标准，但终极目标应为顾客的最终满意。建筑工程从规划设计至运营维护，均是以顾客满意为主线，从项目定位时即启动顾客的期望与需求管理，通过建造阶段创造价值，至运营维护阶段价值传递，形成一个完整的回路。运营维护阶段是建筑工程质量能否最终实现的决定性环节，因此，应加强运营维护阶段的质量管理。

运营维护阶段的质量管理是通过对建筑空间进行规划、维护、应急等管理，来满足顾客对建筑产品的可用性、运行的安全性和稳定性等的要求，通过运营维护阶段的信息反馈，为建筑工程质量管理持续改进提供支持。由于运营维护阶段时间长、管理内容琐碎、面对的顾客多且复杂，再加上管理决策的数据支撑不够充分，使得运营维护阶段管理效率低，影响建筑工程全生命周期质量价值的实现。在运营维护阶段使用BIM竣工模型，为运营维护提供数据支撑的同时，可将BIM投入的价值发挥至最大。BIM技术以其可视化及信息集成两大核心优势，为建筑工程在营销推广、空间管理、设备维护及应急管理过程中的“质量”价值传递提供强大的数据支撑，保证运营维护过程的科学合理性，并通过运营维护阶段的信息反馈，提升建筑工程的整体价值。

1.营销推广

建筑工程质量以顾客的感知为度量，从顾客的角度，建筑工程质量满足其价值需求，则建筑产品存在价值。营销推广，就是采用各种营销方法和手段，使顾客认同建筑工程的质量，并将“质量”价值传递给顾客。

营销推广工作在项目建设之初，通过调查研究确定目标顾客群体的需求，确定项目定位时即已开始。应用BIM模型可将建筑工程及周围环境以经过渲染的三维效果图展示，便于潜在顾客对建筑产品有初步认识。通过建造阶段质量价值的创造，更详细地描述建筑产品。采用虚拟漫游，让客户对建筑空间有一个更直观、全面的认识，便于沟通交流及得到顾客对建筑产品的认可。建筑产品交付及使用过程中的质量管理是提升客户满意度的重要环节，因此，同样应加强建筑产品在交付及使用过程中的空间管理、设备管理、应急管理等方面的细节，保证服务质量。

2.空间管理

空间是由建筑构件围护形成的，是设备、管线、家具等的直接载体，也是最终顾客的直接使用对象，承载着建筑工程使用性能。通过有效的空间管理，可优化空间利用率并为最终顾客提供优质空间。BIM模型集成了建筑构件的几何特性、功能特性及性能信息，满足空间分析和管理的需求，为空间的优化、改造拆除、应急管理提供决策支持。

BIM能够辅助实现空间优化。业主可通过BIM模型查看房间的建筑面积、使用状态等信息，通过统计分析合理选择租户、分配空间，实现空间价值的最大化；最终顾客通过整合所拥有的使用空间，模拟空间布局，在满足使用功能的同时，创造优质空间，增加空间利用率。

当建筑空间内的结构工程、机电工程等不能满足用户使用功能时，则需要考虑对建筑工程进行改造或拆除。BIM模型中集成隐蔽工程的资料，为改造拆除提供数据支撑。此外，对建筑空间的重新规划是建筑工程改造拆除工作的重点，应用BIM技术支持建筑空间的重新布局。

3.设备维护

建筑工程中包括给水排水设备、供暖通风与空调设备、电气设备、智能化设备、消防设备等，设备只有正常有序地工作，才能保证建筑工程的使用功能。设备维护也直接决定着建筑产品的寿命，是运营维护阶段质量管理工作的重点。

设备维护需要维护人员熟悉竣工图纸，并对设备的性能熟练掌控，才能保证设备的维护保养经济、高效、有序开展。然而，从竣工阶段交付运营维护阶段的信息存在断层和孤岛现象，造成设备信息获取困难且不全面；此外，运营维护人员的变动，也易导致信息流失。BIM竣工模型涵盖设备的产品信息（规格型号、性能、检测报告、生产厂家、供应商等）、建造信息（施工单位、建造日期、使用年限）、维修信息（使用年限、保修年限、维保频率、维保单位等）等质量信息，为制订设备维修保养计划及资产重估提供数据支持。

基于BIM的设备维修保养工作，主要有以下四个方面：

第一，设备信息的有序管理。从BIM竣工模型中提取的设备信息，与建筑产品的实际情况全面匹配，且信息方便管理、查询和调用。在运营维护过程中，应根据维护记录，及时更新、修改设备信息，保证模型信息与实际情况的一致性。

第二，应用工程经济学理论方法，依据设备的质量信息，对设备采用何种更新方式进行决策，并制订设备维修保养计划。按照计划要求，采购设备维修保养所需的工具、材料、设备，以实现设备维护的精细化管理。

第三，设备的维修保养。根据维修保养计划，对计划范围内或虽未在计划范围内，但却发生紧急故障的设备，进行维修保养。维修保养全过程，可以依据BIM模型直观地查看机电管线、设备的通路，快速发现维修点，并及时维修保养，以降低设备折旧率，延长设备的使用寿命，保证建筑产品的使用功能。

第四，整理分析设备的维修保养记录，对各设备具体的质量问题，查找原因，追究责任人，并对设备的生产厂商、供应商、建设单位、施工单位进行评估，形成企业设备资料库，为今后项目的设备采购及维修保养积累数据，推动目前被动的以问题为导向的设备问题维修，转变为以控制采购源头（包括供应商、生产厂商及施工单位）、适时维修保养的设备维护方式，提高设备的整体质量。

4.应急疏散

建筑产品在设计阶段，采用BIM技术相关软件模拟应急疏散，并根据规范要求，制订紧急状况疏散预案；在竣工验收阶段，进行公安、消防等的专项验收，确保建筑产品满足安全及质量要求；在运维阶段，可通过BIM软件模拟应急疏散，向最终顾客直观地介绍正确的逃生路线，保证建筑产品使用的安全性。

5.信息反馈

通过用户对建筑工程产品质量的信息反馈及空间管理、设备维护、应急疏散过程中信息的收集、存储，保证了建筑工程全生命周期信息流的完整性。运营维护阶段积累的历史质量信息，通过大数据分析，便于从规划设计阶段即采取措施提升建筑工程质量价值。

建筑工程全生命周期质量管理的最终目的是使顾客满意，基于BIM竣工模型辅助营销推广，使顾客对建筑产品质量有直观的了解，并认可该产品，实现质量“价值”的传递。在交付使用后，基于BIM模型进行空间管理、设备维护、应急疏散等，满足顾客对建筑产品使用功能、运行的安全性和稳定性的要求，实现建筑产品“质量”价值的传递。运营维护阶段的信息反馈，为螺旋式提升建筑工程全生命周期质量提供支持，从而最大化地实现BIM在建筑工程质量管理中的价值。

结束语

建筑业在国民经济发展和现代化建设中十分重要，建筑业的发展对其他行业起着重要的促进作用，为国民经济各部门的扩大再生产创造必要的条件。混凝土在现代建筑施工中占据着非常重要的地位，对建筑结构的坚固性和稳定性有着关键性的影响。

混凝土施工技术在建筑工程施工中发挥着重要作用，合理优化的混凝土施工技术有利于提高建筑工程施工的施工质量，混凝土材料是当前建筑行业必不可少的原料之一。本书简要分析了建筑工程施工技术，并对混凝土施工工艺与混凝土新型材料等关键点展开论述，以提高混凝土施工水平，促进建筑行业的长远发展。

参考文献

一、著作类

[1] 惠彦涛.建筑施工技术[M].上海：上海交通大学出版社，2019.

[2] 刘思远，欧长贵，李文，等.建筑施工技术[M].西安：西安电子科技大学出版社，2016.

[3] 刘先春.建筑工程项目管理[M].武汉：华中科技大学出版社，2018.

[4] 王会恩，姬程飞，马文静.建筑工程项目管理[M].北京：北京工业大学出版社，2018.

[5] 武新杰，李虎.建筑施工技术[M].重庆：重庆大学出版社，2016.

[6] 杨雪玲，邵磊，盛昌，等.建筑施工组织[M].成都：电子科技大学出版社，2016.

[7] 杨智慧.建筑工程质量控制方法及应用[M].重庆：重庆大学出版社，2020.

[8] 姚锦宝.建筑施工技术[M].北京：北京交通大学出版社，2017.

[9] 张争强，肖红飞，田云丽.建筑工程安全管理[M].天津：天津科学技术出版社，2018.

二、期刊类

[1] 蔡彦宏.地基处理技术在房屋建筑施工中的运用[J].居舍，2021（14）：33–34+40.

[2] 陈贤锡.对混凝土养护方法的思考与建议[J].四川水泥，2021（07）：15–16.

[3] 崔玉理，贺鸿珠.温度对泡沫混凝土性能影响[J].建筑材料学报，2015，18（05）：836–839+846.

[4] 丁建东.如何编制建筑工程施工组织设计[J].建筑工人，2019，40（11）：16.

[5] 丁钟，王新，刘聆东，张润.一种混凝土养护的新技术[J].工业建筑，2014，44（09）：119–121+155.

[6] 段钧培.建筑工程设计施工中精细化标准管理探究[J].大众标准化，2022（03）：156–158.

[7] 樊启祥，段亚辉，王业震，等.混凝土保湿养护智能闭环控制研究[J].清华大学学报（自然科学版），2021，61（07）：671–680.

[8] 冯昆荣，肖伦斌，曹少伟.逆作法中土方施工的技术措施[J].四川建筑科学研究，2011，37（05）：159–160.

[9] 侯明昱，朱先昌，李国青，等.泡沫混凝土的研究与应用概述[J].硅酸盐通报，2019，

38（02）：410–416.

[10] 黄剑鹏，胡勇有.植生型多孔混凝土的制备与性能研究[J].混凝土，2011（02）：101–104.

[11] 寇美侠.基于BIM技术的工程项目管理系统及其应用研究[J].中国建筑装饰装修，2022（05）：57–59.

[12] 雷东移，郭丽萍，刘加平，等.泡沫混凝土的研究与应用现状[J].功能材料，2017，48（11）：11037–11042+11053.

[13] 李国刚.对建筑土方工程施工管理的思考[J].黑龙江科技信息，2011（19）：262.

[14] 李晓东，李可，翁殊斐.多孔混凝土植被砖植生试验与降碱、降盐研究[J].新型建筑材料，2017，44（01）：49–51+56.

[15] 李扬.BIM技术在智能建筑工程中的应用[J].集成电路应用，2022，39（02）：210–211.

[16] 刘超，罗健林，李秋义，等.泡沫混凝土的生产现状及未来发展趋势[J].现代化工，2018，38（09）：10–14+16.

[17] 刘键.建筑地基处理以及结构设计探讨[J].低碳世界，2020，10（09）：66–67.

[18] 刘丽. BIM技术在建筑工程施工管理中的应用探析[J]. 工程建设，2022，5（01）.

[19] 刘泽坤.预应力混凝土管桩在筒仓基础工程中的应用[J].粮食与饲料工业，2021（05）：16–19.

[20] 刘自昂，郭婧娟.基于BIM的装配式建筑施工成本控制研究[J].建筑经济，2022，43（03）：40–46.

[21] 柳治交.BIM技术在当前绿色建筑设计过程中的应用实践[J].四川水泥，2019（11）：122.

[22] 麻雨晨.建筑结构中砌筑工程常见的质量问题与措施[J].居舍，2019（14）：6.

[23] 欧正蜂，王良泽南，王淑文，等.植生多孔混凝土在水库护坡中的应用试验研究[J].人民珠江，2015，36（01）：98–100.

[24] 彭波，蒋昌波，向泰尚，等.植生型多孔混凝土强度试验研究[J].混凝土与水泥制品，2013（05）：9–12.

[25] 戚思雨.高层建筑岩土勘察及地基处理技术的应用[J].江西建材，2021（10）：127+129+132.

[26] 邱玉深.对混凝土养护方法的思考与建议[J].混凝土与水泥制品，2009（02）：5–9.

[27] 宋安祥，郭远臣，王雪，等.泡沫混凝土研究新进展与应用现状[J].混凝土，2018（09）：152–156.

[28] 宋强，张鹏，鲍玖文，等.泡沫混凝土的研究进展与应用[J].硅酸盐学报，2021，49（02）：398–410.

[29] 宋文杰，何香建，刘军.河渠边坡植生型多孔混凝土防护技术的研究及应用[J].湖南水利水电，2017（06）：12-15.

[30] 宋文杰.植生型多孔混凝土在河道岸坡整治工程中的应用[J].湖南水利水电，2021（01）：79-82+94.

[31] 宋永朋，张艳.绿色建筑与BIM技术的高效整合及应用研究[J].智能建筑与智慧城市，2022（03）：118-120.

[32] 唐博.建筑地基处理以及结构设计探讨[J].居舍，2021（04）：97-98+96.

[33] 唐佳.基于BIM和物联网技术在装配式建筑物料调度优化问题研究[J].中国储运，2022（02）：92.

[34] 田国鑫，黄俊.浅谈国内外泡沫混凝土的发展与应用[J].混凝土，2017（03）：124-128.

[35] 田砾，逄增铭，全洪珠，等.植生型多孔混凝土物理性能及植生适应性研究[J].硅酸盐通报，2016，35（10）：3381-3386.

[36] 王朝强，谭克锋，徐秀霞.我国泡沫混凝土的研究现状[J].混凝土，2013（12）：57-62.

[37] 王桂玲，王龙志，张海霞，等.植生混凝土用多孔混凝土的制备技术研究[J].混凝土，2013（03）：96-98+102.

[38] 谢迁，陈小平，温丽瑗.混凝土养护剂的发展现状与展望[J].硅酸盐通报，2016，35（06）：1761-1766+1771.

[39] 徐昌永，王仁其.高层建筑大体积混凝土基础工程施工[J].城市建设理论研究（电子版），2019（33）：46.

[40] 许俊民.绿色建筑结合BIM技术的最新发展[J].西部人居环境学刊，2020，35（06）17-23.

[41] 杨加，周锡玲，欧正蜂，等.植生型多孔混凝土性能影响因素的试验研究[J].粉煤灰综合利用，2012（01）：31-35.

[42] 于琦.浅谈建筑基础工程中底板混凝土施工技术[J].建筑技术开发，2021，48（08）：39-40.

[43] 张超，邓智聪，马蕾，等.3D打印混凝土研究进展及其应用[J].硅酸盐通报，2021，40（06）：1769-1795.

[44] 张文渊.土方工程机械化施工管理[J].筑路机械与施工机械化，2004（08）：42-43.

[45] 郑毅.小河流治理中植生型多孔混凝土物性分析[J].水利规划与设计，2017（01）：111-114.